内容简介

　　本教材再现园林植物种植施工全过程，共分为园林植物种植施工前准备、园林植物种植施工技术和园林植物种植施工组织管理3个项目，包括施工准备、定点放线、苗木选择、苗木进场、树木栽植、大树移植、花坛建植、草坪建植、施工现场组织管理、竣工验收共10项工作任务。

　　全书简明扼要、知识点清晰，以学生的认知规律为逻辑进行编排，符合"做中学，做中教"的职业教育教改理念。项目前设有"项目导入"，项目后设有"项目小结""项目测试"等；任务前设有"任务目标"，任务后设有"任务链接""考证提示""任务测试"等，适用性强。

　　本教材可作为高等职业院校园林类专业的教学指导用书。

上海市特色高等职业院校建设项目成果

园林
绿化工程

李宝昌　柯碧英　张　涵　主编

中国农业出版社
北　京

上海市特色高等职业院校建设项目成果
编写指导委员会

《园林绿化工程》
编 写 人 员

主　编　李宝昌　柯碧英　张　涵

编　者　（以姓名笔画为序）

李宝昌　张　涵　柯碧英

袁　翔　郭旭光　廖礼鹏

魏　芳

序

　　农业职业教育是培养现代农业发展所需技术人才、流通人才、经营人才和管理人才的重要途径，教材作为教育教学的课程内容设计和实施的核心要素，是实现人才培养目标与职业能力有机对接的载体，教材的编写已然成为教学改革任务中的重要一环，是建设与发展农业职业教育的基本保障。

　　上海农林职业技术学院是上海市教委确定的"上海市特色高等职业院校建设单位"，学院秉承"为农服务、特色立校"的办学宗旨，提出了具有学院特点的"学校育人与三农需求一体化、理论传授与实践操作一体化、教学过程与生产过程一体化、第一课堂与第二课堂一体化、实景训练与虚拟训练一体化、在校教育与在职教育一体化"的办学形态和"中高贯通、农非贯通、种养贯通、双证贯通、基专贯通"的专业形态，以此推动专业建设和课程教学改革，提高人才培养质量。经过三年的建设，学院在教学模式改革、实训基地建设、精品课程开发、校园文化建设等方面取得了一系列的成果。特别是在教材开发上，注重需求调研，加强与行业（企业）专家的研讨和合作，重新修订人才培养方案，强化课程体系与职业岗位对接，修订了一批课程标准，优化了教学内容，编写了一批适应现代农业职业教育的系列教材，是"上海市特色高等职业院校建设项目"的重要成果。

　　本系列教材在设计理念上，以培养"职业道德＋职业能力"为设计目标，强化职业素质培养，以岗位典型工作任务为主线，融入职业岗位能力需求，引入行业、企业核心技术标准和职业资格证书要求；内涵上突出文化育人，在大学语文等公共基础课程中融入农耕文明发展、农业专业知识等；内容上注重发挥行业、企业、院校合作和上海现代农业职教集团优势，结合"双主体"人才培养办学模式，引入企业文化、生产培训等内容，由校企双方共同开发专业课程教材；编排上符合学生从简单到复杂的循序渐进的认知过程、从简单工作任务到复杂工作任务的实践操作能力的发展过程和要求；对接农业产业发展的特点和生产流程，通过任务驱动、项目导向、专题学习情境等模式，序化教材结构；教材图文对照，内容清晰翔实，易于学生阅读和使用。

　　本系列教材充分反映了学院教师对农业职业教育专业改革和高等职业教育的研究成果，对现代都市农业产业发展与高职农业人才培养具有启示作用，适用于农业高等职业院校教学，也可作为新型职业农民等相关培训的教学材料。

　　特别感谢上海市教委、上海市农委等相关部门和上海现代农业职业教育集团、光明食品集团等企业在教材建设过程中给予的大力支持，感谢行业、企业、兄弟院校的专家学者和学院教师付出的辛勤劳动。教材中的不足之处恳请使用者不吝赐教。

上海农林职业技术学院院长：

前　言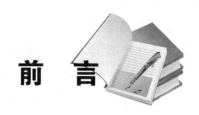

　　城市园林建设作为城市基础建设，是城市市政公用事业和城市环境建设事业的重要组成部分。城市园林绿化关系到每一位居民，渗透各行各业，覆盖全社会。随着经济发展和社会繁荣，园林产业的地位和对园林人才的需求将不断提高，其中园林植物种植工程施工与管理岗位是园林人才岗位的重要组成部分。近年来园林工程施工质量和管理逐渐规范化，园林工程实行公开招标，园林绿化企业要想拿到工程，在具备资质的前提下，拥有较多复合型的园林人才也尤为重要。园林施工企业需要的就是既具有专业知识又具备丰富实践经验的全面型人才，那些只有"本本"而无具体施工经验的学者们可以作为企业的谋士，而企业更迫切需要的人才是能在施工第一线指挥作战的实践能手。

　　园林类专业学生基本掌握一定的园林专业知识和技能后，在走上实际工作岗位之前有必要就主要就业岗位接受针对性的岗位技能综合训练，为进入园林绿化企业顶岗实习作准备。园林绿化工程的课程安排力图以园林绿化企业相应岗位工作的实际需要为出发点和落脚点，从强化培养操作技能、掌握实用技能的角度，力图体现当前最新的操作技术，课程内容上设置了园林植物种植施工前准备、园林植物种植施工技术和园林植物种植施工组织管理3个项目，共含10项工作任务，再现园林植物种植施工全过程。力求通过本课程的教学训练，增强学生对园林植物种植施工岗位的适应度，尽可能使学生能力的培养与园林绿化企业的需求接轨。目前尚没有符合以上教学课程要求的类似统编教材，于是本教材应运而生。

　　本教材在内容安排上关注了学生在校学习和后续学习的需要。深度理解高等职业教育的基本特点和教育教学要求，是本教材编写能够正确切入知识点和技能点的关键。为此，本教材通过易懂、易学、易记、易用的编写手法介绍了学生后续发展所需的知识。

　　本教材由李宝昌（上海农林职业技术学院）、柯碧英（广东生态工程职业学院）、张涵（上海农林职业技术学院）主编，参加编写的人员还有：袁翔（广西南宁市第四职业技术学校）、魏芳（江西环境工程职业学院）、廖礼鹏（佛山市华材职业技术学校）、郭旭光（浙江良康园林绿化工程有限公司）。具体编写分工如下：李宝昌编写开篇，柯碧英编写项目 1 的任务 3、项目 2 的任务 4、项目 3，张涵编写了 3 个项目导入、项目 1 的任务 1 并参与统稿，袁翔编写项目 2 的任务 2 和任务 3，魏芳编写项目 1 的任务 4 和项目 2 的任务 1，廖礼鹏编写项目 1 的任务 2 并参与项目 3，郭旭光提供部分案例，李宝昌负责全书的统稿工作。

本教材在编写过程中参考了有关著作与资料，在此向相关作者一并致谢。

编　者

2016 年 2 月

目　录

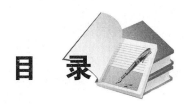

序

前言

开篇——走进园林绿化工地

某园林绿化有限公司在当地具有一定的知名度和影响力，今年刚成功获得园林绿化一级资质。随着公司业务范围的扩大，公司面向社会和学校"招兵买马"。某高职园林技术专业毕业班的小赵同学通过双向选择到公司顶岗实习，公司安排经验丰富的宋师傅作小赵的带教师傅。

小赵能顺利进入一家拥有一级施工资质的园林绿化公司非常激动兴奋，但看到公司人才济济又感觉颇具压力。小赵暗下决心，一定要加强业务学习，不怕苦不怕累，努力成为一名优秀的施工员。宋师傅带小赵参与园林绿化工程项目建设，这是以种植工程为主的项目，内容有胸径为 30cm 的香樟、图案复杂的花坛、缓坡草坪……小赵一开始手持施工图不知从何下手，后来在宋师傅手把手的精心带教下，加上自己的勤奋与吃苦耐劳精神，一年后经考核被公司正式录用，一步步成长为一名合格的园林绿化施工员。

在园林工程中，种植工程占有重要地位，这是因为植物是环境绿化的主体，是造园的主要材料，是形成园林景观的关键因子。种植工程一般包括乔、灌木栽植，花坛栽植，草坪建植及后期养护等内容。接手一项园林植物种植施工项目时，了解园林工程项目的运作过程是首要任务。一般来说，园林工程项目的整体实施过程分为多个阶段：调查研究阶段、编制任务书阶段、总体规划阶段、技术设计阶段、现场施工阶段、工程验收与养护阶段。

一、熟悉园林绿化工程建设程序

园林绿化工程建设程序是指某个建设项目在整个建设过程中各阶段、各步骤应遵循的先后顺序。要求建设工程先勘察、规划、设计，后施工；杜绝边勘察、边设计、边施工的现象。根据这一要求，园林绿化工程建设程序的要点是：对拟建项目进行可行性研究，编制计划任务书（建议书），确定建设地点和规模，开展设计工作，报批基本建设计划，进行施工前准备，组织工程施工及工程竣工验收等。归纳起来一般包括计划、设计、施工和验收 4 个阶段。

1. 计划　对拟建项目进行调查、论证、决策，确定建设地点和规模，写出项目可行性报告，编制计划任务书，报主管局论证审核，送市计划委员会或建设委员会审批，经批准后才能纳入正式的年度建设计划。因此，计划任务书是项目建设确立的前提，是重要的指导性文件。其内容主要包括：建设单位、建设性质、建设项目类别、建设单位负责人、建设地点、建设依据、建设规模、工程内容、建设期限、投资概算、效益评估、协作关系及环境保护等。

2. 设计 设计是指根据已批准的计划任务书,进行建设项目的勘察设计,编制设计概算。园林建设项目一般采用两段设计,即初步设计和施工图设计。所有园林工程项目都应编制初步设计和概算,而施工图设计不得改变计划任务书及初步设计已确定的建设性质、建设规模和概算等。

3. 施工 施工阶段的主要工作内容为建设单位根据已确定的年度计划编制工程项目表,经主管单位审核报上级备案后将相关资料及时通知施工单位。施工单位要做好施工图预算和施工方案编制工作,并严格按照施工图、工程施工承包合同及工程质量要求做好生产准备、组织施工,搞好施工现场管理,确保工程质量。施工单位要做好施工进度、安全、质量及成本管理。

4. 验收 工程竣工后,在监理单位的组织下,应尽快召集有关单位和质检部门,根据设计要求和施工技术验收规范进行竣工验收,同时办理竣工移交手续。

二、做好项目立项资料准备

1. 可行性研究报告 项目可行性研究是在建设前期对园林建设工程项目的一种考察和鉴定,是基本建设程序的组成部分。它的主要任务是:按照城市规划或城乡绿地规划的基本要求,对拟建项目在技术、工程、环境效益、社会效益和经济效益上是否合理和可行进行全面分析、论证,进行多方案比较,并作出评价,为投资决策提供可靠的依据。

可行性研究一般由咨询、监理、设计单位承担,有时也可由工程承包单位承担。提交的成果主要是项目可行性研究报告和相关材料。要高质量完成项目可行性研究报告的撰写,应熟悉其工作程序:项目调查→资料分析→报告起草→报告评估→成果校对→文本提交。

2. 计划任务书(项目建议书) 可行性研究报告经审批后,即由建设单位和设计单位草拟计划任务书,计划任务书内容主要包括:建设单位、建设性质、建设项目类别、建设单位负责人、建设地点、建设依据、建设规模、工程内容、建设期限、投资概算、效益评估、协作关系及环境保护等。

计划任务书由主管单位审批后,即为项目建设的重要指导性文件。主管单位将计划任务书下发给建设单位后,建设单位即可按项目管辖权限申请规划设计等工作。

三、熟悉园林工程项目招标与投标程序及技术要点

工程建设项目招标与投标是国际上通用的比较成熟而且科学合理的工程承发包方式,具体是指以建设单位作为建设工程的发包者,用招标方式择优选定设计、施工单位;而以设计、施工单位为承包者,用投标方式承接设计、施工任务。在园林工程项目建设中推行招标投标制,其目的是控制工期,确保工程质量,降低工程造价,提高经济效益,健全市场竞争机制。

工程投标中施工单位应重点做好如下几点:一是认真吃透招标工程的技术要求,如工期、资质水平、施工要素类型、施工环境条件、施工质量评价指标等;二是分析本施工企业的技术力量情况是否满足该项工程的要求,准备好所有的技术资料,如近三年施工完成的工程项目评定情况、专家意见等;三是熟悉本行业圈子中的各种情况,分析对手,找到技术优势;四是采取一定的工程技巧。

四、签署园林工程施工承包合同

经过工程招标投标后，建设单位和施工单位就某工程项目建设任务，即施工任务签署承包合同，以明确双方的权利和义务。施工承包合同一般都是国家规定的合同范本，即常说的格式合同，双方只须就合同中关键性的指标条款协商一致即可。

施工合同关键性条款有：工期、工程款及其支付方式、施工质量要求及验收标准、施工材料交付地点及建设方提出的特别条文。所以，签订施工合同时要对这些条文进行认真考虑和分析，多提出些问题，特别是施工中可能产生的问题，能在合同中规定的最好规定。施工合同的签订一定要谨慎，不能随意。

五、现实工作中须掌握的运作技巧

1. 工程信息 园林工程的取得首先要靠工程信息的获取，因此要通过各种途径、手段去收集工程建设信息。获取信息的方法有很多，如各类媒体（电视、广播、报刊、网络）、个人交流信息、行业动态、项目发布会、学术会议论坛、专业展览会、各类信息发布栏等。工程信息十分重要，是运作工程项目的第一步。要做个有心人，密切关注行业最新发展，以市场性眼光捕捉一切可能信息。

2. 业务能力 业务能力即专业能力，是指要熟悉工程招投标技术过程，了解招投标技术环节，熟悉掌握商务标、技术标的编制，并保证投标文件中的各类因子构思可行，制定可靠。

3. 行业圈子 要想办法在一定的时间内在本行业中建立一个涉及面广且稳定的圈子，以加强业务往来，疏通工程资源交流渠道，这会提升项目成功的概率。

4. 概预算技巧 设计概算与施工图预算都是根据施工要素工程量清单、套用预算定额来计算工程造价的，因此当拿到建设单位提供的工程量清单后，要认真按施工图再计算一遍工程量，然后参考市场价位及通用定额计算出工程造价。这个工程造价就是常说的"报价"。投标中只有报价与标底相近或稍低于标底的才容易成功，所以必须掌握技巧。

5. 工程积累 工程积累是说施工单位要做好工程施工经验积累，建设好施工档案，形成本企业施工特色和工程文化，讲究信用，保证进度，确保质量。

六、通过组建虚拟园林绿化公司探索课程教学组织改革

本课程教学实施着重模拟再现园林植物种植施工全过程。组建班级虚拟园林绿化公司，设置若干绿化项目部，设项目经理、施工员、资料员、安全员等，模拟安排绿化工程招标，下发相关表格，让学生竞争上岗。

课程教学组织若干绿化项目部并完成10个工作任务，教师根据实际情况灵活掌握，通过各工作任务分解打分，推进各绿化项目部的良性竞争，增强学生对园林植物种植施工岗位的适应度，尽可能使学生能力的培养与园林绿化企业的实际需求实现"零"接轨。

项目1

园林植物种植施工前准备

项目导入

　　小赵上班的第二周，该园林绿化有限公司中标一项园林绿化工程项目，宋师傅带小赵参与该项目建设。小赵摩拳擦掌准备大干一场，但面对施工方案、定点放线、植物材料的准备等工作，小赵还是有点懵懵懂懂，不知具体该如何下手。经过60d种植施工项目完整流程的参与、体验与观摩，在宋师傅手把手的带教下，小赵逐渐理解和掌握了园林植物种植施工前准备的各项内容与要求。

　　园林植物种植施工前准备泛指进场施工前的所有前期准备工作，有道是"磨刀不误砍柴工"，一项园林植物种植施工项目的成功与否很大程度上取决于施工前准备工作是否到位。

　　本项目的学习内容为：（1）施工准备；（2）定点放线；（3）苗木选择；（4）苗木进场。

任务1　施工准备

任务目标

◆**知识目标**

1. 了解园林工程施工准备的主要内容。

2. 了解园林工程施工方案的作用和分类。

3. 理解园林工程施工方案的编制依据、方法和程序。

4. 掌握园林工程施工方案编制的主要内容。

◆**技能目标**

1. 能够读懂并理解园林植物种植工程施工方案。

2. 能够辅助编制中小型园林植物种植工程施工方案。

任务准备

一、施工准备的主要内容

1. 了解设计意图与工程概况　首先应了解设计意图，向设计人员了解设计思想，预想目的或意境，以及施工完成后近期所要达到的效果。通过设计单位和工程主管部门了解工程概况，工程概况主要包括工程范围和工程量、施工期限、工程投资、施工现场情况与定点放线的依据、工程材料来源和运输条件等。

2. 现场踏勘与调查　在了解设计意图和工程概况之后，负责施工的主要人员必须亲自到现场进行细致的踏勘与调查。应了解：（1）各种地上物（如房屋、原有树木、市政或农田设施等）的去留及须保护的地物（如古树名木等）。（2）现场内外交通、水源、电源情况，如能否启用机械车辆，无条件使用机械车辆的，如何开辟新线路等。（3）施工期间生活设施（如食堂、厕所、宿舍等）的安排。（4）施工地段的土壤调查，以确定是否换土，以及估算客土量及其来源等。

3. 编制施工方案　园林植物种植工程属于综合性工程，为保证各项施工项目合理衔接，互不干扰，做到多、快、好、省地完成施工任务，实现设计意图和日后维修与养护，在施工前必须制定好施工方案。施工方案由经验丰富的人员负责编写，方案制定后经广泛征求意见，反复修改，报批后执行。

二、园林工程施工方案概述

园林工程施工方案是工程施工的技术性文件，其编制重点为：工程概况和施工条件，施工方案与施工方法，施工进度计划，劳动力与其他资源配置，施工现场平面图，以及施工技术措施和主要技术经济指标等。施工方案既是工程招投标中投标文件中技术标的主要内容，又是现场施工中指导现场施工的规范性资料，因此在园林工程项目施工中有着重要地位。

1. 施工方案的类型　在园林工程中，施工方案也称施工组织设计，根据其编制对象的不同，编制的深度也有所不同。在实际工作中，施工方案常分为以下几种：（1）施工组织总设计，适用于规模大的工程施工；（2）单位工程施工组织设计，也就是园林工程项目施工中常说的施工方案；（3）分项工程作业设计，因某些特殊施工要素或施工节点须采取特别施工技术而编制的专业作业设计。

2. 施工方案的作用　施工方案的作用有以下几点。

（1）科学合理的施工方案体现了园林工程的特点，对现场施工具有实践指导作用。

（2）能够按事先设计好的程序组织施工，能保证正常的施工秩序。

（3）能及时做好施工前准备工作，并能按施工进度合理配置材料、机具、劳动力资源。

（4）使施工管理人员心中有数，充分发挥他们的主观能动性。

（5）能更好地协调各方面的关系，解决施工过程中出现的各种情况，使现场施工保持协调、均衡、文明。

（6）能有效做好现场施工的平面控制，加强施工进度管理，确保施工安全。

（7）利于施工企业进行施工成本控制。

3. 施工方案编制的原则

（1）依照国家政策、法规和工程承包合同施工的原则。在施工方案的实际编制中要分析相关的国家政策、法规对工程有哪些积极影响，要遵守哪些法规，比如建筑法、合同法、环境保护法、森林法、自然保护法以及园林绿化管理条例等。建设工程施工承包合同是合同法的专业性合同，明确了双方的权利和义务，在编制时要予以特别重视。

（2）符合园林工程的特点，体现园林综合艺术的原则。编制施工方案时，要紧密结合设计图纸，符合设计要求，不得随意变更设计内容。只有吃透图纸，熟悉造园手法，采取针对性措施，编制出的施工方案才满足实际施工要求。

（3）采用先进的施工技术和管理方法，选择合理的施工工作面的原则。园林工程施工中，应视工程的实际情况，选择和采纳先进的施工技术、科学的管理方法。在确定施工方案时要进行技术经济比较，要注意在不同的施工条件下拟定不同的施工方法，使所选择的施工方法和施工机械最优、施工进度和施工成本最优、劳动资源组合最优、施工现场调度和施工现场平面布置最优。

（4）合理安排施工计划，确保综合平衡，做到均衡施工的原则。合理的施工计划应注意施工顺序的安排，要按施工规律配置工程时间和空间次序，做到相互促进，紧密衔接；施工方式上可视实际需要适当组织交叉施工或平行施工，以加快进度；编制方法上要注意应用流水作业及网络计划技术；要考虑施工的季节性，尤其是雨季或冬季的施工条件；计划中还要反映临时设施设置及各种物资材料、设备供应情况，要以节约为原则，充分利用固有设施；要加强成本意识，搞好经济核算。做到这些，就能在施工期内全面协调各种施工力量和施工要素，确保工程连续、均衡地施工，避免经常出现抢工突击现象。

（5）确保施工质量和施工安全，提高工效的原则。施工方案中应针对工程的实际情况制定出质量保证措施，推行全面质量管理，建立工程质量检查体系。园林工程是环境艺术工程，完全凭借施工手段来实现，因此必须严格按图施工，一丝不苟，最好进行二度创作，使作品更具艺术魅力。施工中必须贯彻"安全第一"的方针，要制定出施工安全操作规程和注意事项，搞好安全培训教育，加强施工安全检查，配备必要的安全设施，做到万无一失。

三、施工方案的编制内容

园林工程施工方案的内容一般是由工程项目的范围、性质、特点和施工条件、景观要求来确定的，包括工程概况、施工部署、施工方法、施工进度、施工现场平面布置图、施工人力资源、施工材料、施工机械设备、施工保障措施等。施工方案的编制内容如下。

1. 工程概况描述　一般可在施工方案的前言中描述工程概况。工程概况基本描述的目的是对工程基本情况进行简要说明，明确任务量及工程难易程度、质量要求等，以便合理制定施工方法、施工措施、施工进度计划和施工现场布置图。

工程概况应说明工程的性质、规模、服务对象、建设地点、工期、承包方式、投资额及投资方式；施工和设计单位名称、上级要求、图纸情况；施工现场地质土壤、水文气象等因子；园林建筑数量及结构特征；特殊施工措施、施工力量和施工条件；材料来源与供应情况；"四通一平"条件；机械设备准备、临时设施解决方法、劳动力组织及技术协作水平等。

2. 施工部署确立　施工部署的优选是施工方案的重要内容之一。施工部署的核心内容就是要确立该工程项目施工的人力资源部署。形式主要表现为成立施工项目组，即施工管理团队，可根据需要组建多个部门，如项目办公室、监理办公室、现场指挥室、财务室等。同时要做好人力资源调配与管理，指派好相关岗位施工人员，如项目经理、项目技术负责、施工管理员、绿化工、花卉工、电工、木工等。

具体做法上可采用表格形式详细列出，并在表格下方做必要说明。对需要强调的节点岗位更要重点注释，让现场管理更明晰具体。施工方案中的施工部署内容无须列出岗位职责，各岗位职责可以在施工现场临时办公室的内墙上或外墙上张贴。

3. 施工方法拟定　施工方法拟定应做到"四要"：要突出施工重点，选用先进技术，并保证成本控制到位；要结合施工单位现有的技术力量、施工习惯、劳动组织特点等；要依据园林工程面大的特点，充分发挥机械作业的多样性和先进性；要对关键工程的重要工序或分项工程（如大树移植）等制定详细具体的施工方法。

草拟施工方法时，要注意施工技术规范、操作规程，质量控制指标和相关检查标准，夜间与季节性施工措施，工程施工成本降低措施，施工安全与消防措施等的撰写。

4. 施工进度计划制订　施工进度计划是在预定工期内以施工方案为基础制订的，要求以最低的施工成本合理安排施工顺序和工程进度。它的作用是全面控制施工进度，为编制基层作业计划及各种资源供应提供依据。

最为常见的施工进度计划为横道图或条形图。它由两部分组成：左边是工程量、人工、机械台班的计算数；右边是用线段表达工程进度的图样，可表明各项工程（或工序）的搭接关系（参见本任务【任务实施】示范文本表以及项目 3 任务 1 的表 3-9-2）。

5. 施工现场平面布置图设计　施工现场平面布置图是指导工程现场施工的平面布置简图（参见本任务【任务实施】示范文本附图），它主要解决施工现场的合理工作面问题，是施工方案的组成部分。其设计依据是工程施工图、施工方案和施工进度计划。所用图纸比例一般为 1∶200 或 1∶500。

一、组建模拟园林公司

根据自愿原则，学生组成若干绿化分公司，设项目经理、施工员、资料员、安全员等，学生们竞争上岗组建团队，设计公司标志和口号，增强团队精神。

二、实践教学组织

（1）指导教师模拟招标方，提供一份某园林工程的招标文件、投标申请人资格预审须知等文件。

（2）指导教师介绍项目概况及实训要求，学生按投标程序分组讨论投标策略、施工方案等内容。

（3）向每位学生下发一份完整的园林工程投标文件作为模板（电子稿），让学生针对招标项目的特殊性进行修改。

（4）每位学生上交一套投标文件（电子稿）。

（5）指导教师集体评阅后予以讲评。

三、实训质量要求及考核标准

1. 质量要求　投标书严格按招标文件要求编制，针对具体招标项目修改模板技术标。

2. 考核标准　实训成果为每位学生一套技术标（电子稿）。实训完成后，由相关教师组成评标委员会，用综合评分法对标书进行评定，实训成绩按百分制或五分制进行评价。

四、示范文本

某高速公路绿化施工技术标（节选）。

目　　录

（一）主要工程项目的施工方案、施工方法
（二）各分项工程的施工顺序
（三）确保工程质量和工期的措施
（四）重点和难点工程的施工方案、方法及措施
（五）冬季和雨季的施工安排
（六）质量、安全保证体系
（七）相关图表

（一）主要工程项目的施工方案、施工方法

本工程按施工内容分为三大部分：土方工程（塑造地形和土壤改良）、绿化种植和绿化养护。

本施工方案是针对这三个既相对独立又互相联系牵制的分部工程逐个制定的。同时，对整个工程的工艺流程、技术措施、工期进度管理体系、用工计划、质量管理、机械设备配置进行精心策划、编排。

1. 土方施工方案

（1）土方施工流程图（图 1-1）。

（2）土方施工。本项目以高速公路互通区为主要分隔地段，有的区域土方地形高，取土比较方便，土方资源充足。针对此些区域，我们在施工时主要考虑到该高速公路施工时，会造成该区绿化范围内的土层压实，并会在土壤中混入大量施工杂物；同时，作为道路绿化，其中央隔离带的有效种植土层相对较薄，因此施工中本着充分利用有效资源的原则，我们对土源较为充足的区域采取搬移表土种植层的办法，即在地形施工中，先将原土壤 1.2～1.5m 厚的种植土层用挖土机搬在两旁，随后用当地的砾石或垃圾填埋，最后再将原种植土层回填到最上层。

（3）清理场地。进场后按计划做好清场工作，清除道路绿地范围内的建筑垃圾。清场前

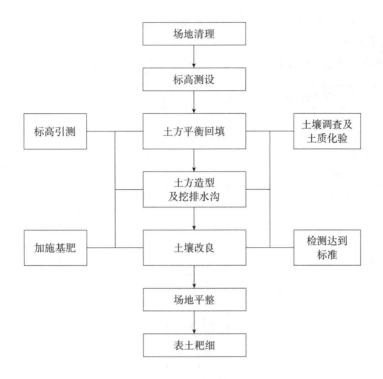

图 1-1　土方施工流程图

事先向甲方征询地下管线分布情况及相关地块管线分布图，以安全施工为前提，遇到不明情况及时向相关单位咨询，并请相关人员到现场认定，做好标记、标明管线走向、竖警示牌，在确保万无一失的情况下施工。

（4）标高测设。先测现状地形高程，并对比设计地形高程，定位标高桩，每 8～10m 布置一点，采用沿等高线走向布设，这样在操作上更具直观性，即在每圈等高线上以同种颜色的彩旗竹竿（以适当密度）做标志，应注意密度不能过密过稀，一般等高线平面走向曲率大可密些，但注意在控制精度的同时，还要方便施工作业。不同高程等高线可采用不同颜色的小旗。

（5）土方平衡回填。为了使绿化更具立体感、层次感，以及可利用地形排水，必须严格按设计图纸规定的标高进行回填，保证地形饱满，轮廓线自然，不积水。所以一定要派测量人员用经纬仪进行标高的放样、检测和复测。

（6）预计困难及预防排除措施。

①雨季施工的工作面不宜过大，应逐段逐片地分期完成，重要或特殊的土方工程，应尽量在雨期前完成。

②雨期施工中应保证工程质量和安全施工的技术措施并随时掌握气象变化情况。

③雨期施工前，需检查排水系统，必要时增加排水设施，保证水流畅通。在施工场地周围应防止边地雨水流入场内。

④雨期施工时，应保证现场运输道路畅通，道路路面根据需要加铺煤渣、沙砾或其他防滑材料。在低水处设置水管，以利泄水。

⑤填方施工中，取土、运土、铺填、压实等各道工序应连续进行。雨前应及时压实已填

土层或将表面压光，并做一些坡势，以利排除雨水。

2. 绿化施工方案

（1）绿化种植流程图（图1-2）。

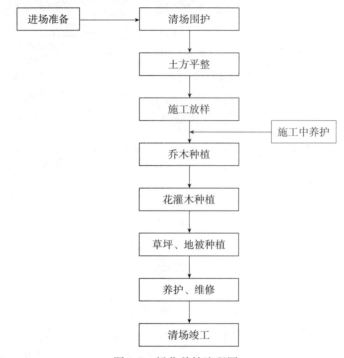

图 1-2　绿化种植流程图

（2）绿化种植措施。

①苗木准备。苗木准备时，我们将根据工程量清单，提前派专人到苗圃选苗。针对本工程各苗木原产地生境，在各树种最具规模和品质的不同繁育产地充分踏勘、多方比较，确定既符合设计要求的诸多规格，又处于青壮年期，长势健旺，无病虫害，外形姿态丰满美观，且已采取了一定的技术（切根或转坨）手段，适于移植的最佳施工用苗。并且选择苗木时要注意以下几点。a. 各规格树种施工用苗在数量上有充裕的备货，以便特殊情况下的增添置换。b. 同规格树种施工用苗均为同一供应点及繁育批次，以保证苗木形状上的统一。c. 在品种选择上，须结合本工程场地环境条件和设计意图，选择综合性状优越的品种。d. 所选用苗木的规格须比设计要求规格有所宽余，特别是蓬径、高度、枝/丛等。另外，所选乔木应主干挺直，树冠匀称；花灌木应枝繁叶茂，叶挺芽壮。e. 选用苗龄为青壮年期的苗木，可保证其生命力的旺盛和整体植物景观生命周期较长。

②放样。放样是对设计意图的充分体现，因此放样不仅要按照施工图纸严格准确地执行，更要领会设计意图，以点传神。突出设计要求的层次感和树木配置弧线的优美。道路两侧绿带放样时应注意其放样的整齐性以及和其他绿化的相协调性；中央分隔带放样时应注意其防眩的功能性。

方法上以"方格网"法为基础，兼顾所种植物的外观形态，以意定形，以形定位。施工前，应根据总平面布置图和坐标控制点，将地形、乔木、灌木等项目的平面位置放线于实地，并将主轴线控制固定于车辆和施工人员碰不到的地方，且反复测量、检查无误，以便施工过程中进行复测和检查。

③乔木种植（起苗、包装、运输、栽植、绑扎）为确保所种苗木成活并一次成型，种植是绿化部分最关键的一步。首先要做好苗木的起苗、包装和运输工作。为了减少叶面蒸发量，起苗前在树冠叶面上喷洒 P. V. O. 水分蒸腾抑制剂，可以有效减少叶面的水分蒸发，同时不会影响树木的呼吸和光合作用。挖掘过程中尽量减少须根的损伤，以利于移植后植株的成活。铲除根部浮土 10cm 左右，从切根环状沟外侧稍远处开挖，根据土球直径大小挖至球底 20cm 处止，然后采用网络法对土球进行包扎。如遇土壤干旱，则挖掘数天前应灌水，以免土球松散。装车时严防损伤树皮、损裂泥球。装运选在晚间进行，出发前对叶面喷水并用雨篷布遮盖植株，防止水分过量蒸发。

由于本工程有大量胸径为 4～6cm 的水杉、银杏、女贞等。苗木虽然不大，但为进一步提高落叶树种的成活率，本公司也将采取带泥球的种植方法，使苗木生长良好。具体措施如下。

a. 乔木栽植施工流程图（图 1-3）。

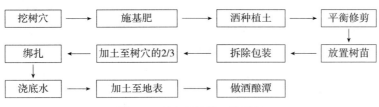

图 1-3   乔木栽植施工流程图

b. 乔木种植要点。

乔木（香樟、银杏、女贞）等是该段高速公路绿化工程中主要的景观树种，虽然苗木规格并不大，但栽植质量的好坏直接影响绿地的景观效果。因此在施工中主要要做到以下几点。

● 挖树穴、施基肥：树穴深度比土球深 20cm，树穴宽度比土球大 30cm，以保证土球周围土壤疏松充足；在树穴内填入约 10cm 厚的营养土（含有腐熟的有机肥料），以保证根系周围养分充足。

将树穴挖成反锅底形，并在树穴底部设置 15～20cm 的透水层。由于香樟等乔木不耐涝，根部怕积水，因此反锅底形可使水分向树穴两旁分散，采用透水层可保证树穴内多余水分及时排除。

● 栽植前树穴换土：在穴内 50cm 深处施基肥，其上覆 5～10cm 厚熟土，以增加土壤的肥力，并保证不烧伤根系。

● 挖掘、运输：挖掘时要避免伤根伤枝，运输搁放时应用湿草包裹苗木根部。

● 平衡修剪：修剪方法上采用整形修剪，主要去除平行枝、病弱枝、徒长枝，并注意今后的发枝方向；修剪程度以突出美观、层次为宜，不能重剪，女贞以疏叶为主。

● 放置树苗：选择树冠丰满，优美的一面朝向主要观赏方向，放置树穴宜一次成功，尽量减少对土球的多次移动，以免损伤土球的须根。

● 加土夯实：土球入树穴后必须与土壤紧密结合，加土时用捣棍边加边夯，使土球与土壤充分结合，这样能保证根系恢复正常生长。回填土采用原土与营养土按一定比例混合，这样既能保证根系周围的养分充足，又有利于水分、空气的流通。

● 支撑绑扎：考虑到高速公路上风力会较大，因此采用铅丝整体绑扎的办法。以 1.7m 为固定高度，在树干之间交叉形成网络以防止树身过度晃动，避免拉断根须。整体绑扎能有效预防树木倒伏。

● 浇底水：栽植后应立即浇水，在树穴周围开好"酒酿潭"，浇水时不宜太急，应慢慢地将水注入"酒酿潭"，直到灌满。期间会有水分渗入树穴，待水渗完，再行浇水，3～4 次后水分将充分润泽树木根系，并使树根的毛细根在湿润的状态下展开，有利于树木根系的恢复性生长。底水浇完后将"酒酿潭"用土覆平，并培土保墒。

● 养护：经常进行植株整体的雾状喷水，减少植株水分的蒸发。在干旱时要浇水，在树干周围开出浅潭，一次浇足水，再松土。

除了以上的基本步骤，同时应注意道路尘埃对植物生长的影响，所以也须采取一定的技术护理措施以保证植物成活。植物成活的关键是根系的萌发，因此在栽植乔木时，对其根部用 A.B.D. 生根粉水解液（50mg/L）进行涂抹和喷洒，促进新根的发生。同时确保根部不积水，保证根正常的呼吸。由于绿化一次成型，因此保证枝叶水分、养分平衡，恢复其生长优势尤为重要。我们利用叶面喷雾的技术，进行叶面追肥，在叶面喷施磷酸二氢钾营养液（10mg/L）：一方面通过增加局部空气湿度，降低叶面温度，起到延缓蒸腾的作用；另一方面叶肉细胞吸收了营养，缓解了根系吸收养分不足的情况。这样保障了绿化效果的一次成型。

④其他苗木栽植技术方案（略）。

⑤施工中的养护。由于道路绿化的生境条件相对较差，且本工程施工工期及路线均较长，为了确保工程质量，光靠种植技术是不够的，种植过程中的养护措施也是关键之一。

我们采取间歇喷雾的方法，对乔木、灌木、草坪增湿。喷雾所造成的水分蒸腾减少苗木叶面的水分蒸发，可防止水分蒸腾过多对苗木根系生长造成不利影响。在间歇喷雾中隔天进行一次营养液喷雾，采用磷酸二氢钾营养液（10mg/L）对苗木进行养分补充。间歇喷雾保证了苗木的水分代谢平衡，营养液喷雾保证了苗木的养分代谢平衡，这就保证了绿化效果的一次成型。

除对土壤进行改良外，保湿也成为保证苗木成活的重要任务。种植后定时进行灌溉，使土层始终保持一定湿度。

3. 绿化养护施工措施　为了使本工程所栽的各种园林植物，不仅能成活、生长，而且能长得更好、更美，就必须根据这些植物的生物学特性和生长发育规律，并结合当地的具体生态条件，制定一套符合实情的科学的养护管理措施，这样才能起到锦上添花的效果。相反，如果管理不当，各种植株处于病态、苦蒿状态，不仅发挥不了应有的绿化美化功能，而且有损景观形象。

（1）乔、灌木的养护措施。乔、灌木的养护管理工作主要包括松土、锄草、修剪、整形、施肥、浇水、病虫害防治、苗木补缺、绑扎、扶正、培土、地形整平、除杂草等环节。

（2）草坪的养护管理。由于高速公路边坡上都以栽种草坪、地被为主，因此草坪形成的好坏将直接影响整个工程质量。所以只有进行经常性的养护管理，才能保证草坪景观长久地持续下去。草坪的养护管理工作主要包括灌水、施肥、修剪、除杂草、通气等环节。

（二）各分项工程的施工顺序（图 1-4）

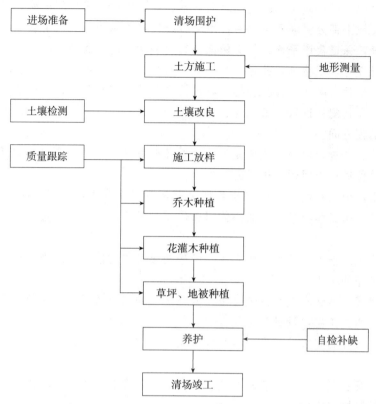

图 1-4　各分项工程的施工顺序图

（三）确保工程质量和工期的措施

1. 确保工程质量的措施

（1）施工技术方面。

①土壤改良。对于种植乔木或酸性植物的土壤应进行人工换土，采用酸性营养土进行改良。定期进行过磷酸钙施肥。其中磷酸根（PO_3^-）可以中和土壤 pH，并改善土壤结构。

②栽植的定位放样。施工前测量人员应对施工绿地进行现场实测，比较图纸。在实际操作过程中应按照图纸和现场的建筑物先对大规格乔木种植点进行放样定位，然后确定花灌木的外围线。放样定位应保证正确无误。

③苗木质量保证措施。

a. 派专人到现场选苗，监督苗木起挖质量。

b. 采用现场挑选挂牌、同步切根和整形修剪等技术措施。

c. 苗木运输一律用雨篷遮阳。运距远的苗木，一律夜间运输。

d. 苗木运输车在途中不做长时间滞留，当天起挖苗木连夜运输至工地，次日全部种植完毕。

④充分做好乔木移植前的准备工作。选树、修剪、种植均应严格按照相关园林种植规范和标书中的技术要求执行。充分考虑各工序的技术关键。

⑤严格按移植规程进行苗木移植。挖掘、包装、装运、栽植、支撑绑扎，必须严格按标

书中叙述的技术要求操作。选派移植方面的技师进行现场指挥。

⑥施工阶段的养护措施。加强施工期间的水、养分管理，采用间歇喷雾保证地上部分不失水，同时也使地下部分湿润而不积涝；用生根粉促进根系的生长，用营养液喷雾增加植物整体吸收的养分，保证代谢平衡，从而保证植物的成活和一次成型。

⑦施工现场设专职试验员，并建立严格的原材料、构配件的试验和检验制度，凡进入工地的原材料和构配件，必须先检验合格证，再按有关要求取样复验，合格后方可使用，严禁不合格的原材料和构配件进入施工现场。

（2）管理措施方面。

①建立自检、自查，申报、监理复检的质量监督报表制度，及时上报工程质量进度表。主动邀请建设单位进行中间形象进度的检查。

②在组织上，由项目经理负责将质量把关落实到各个岗位，组成一个现场质保体系网络。提高所有参加本工程项目施工的全体职工的质量意识，把项目质量作为制度考核的重要内容来对待。

③每道工序施工前做好技术交底工作，工序交接时须对前道工序进行检查验收，合格后方可进行下道工序的施工。

④加强技术管理。认真进行图纸会审，提前发现和纠正图纸中的问题。及时编制切实可行并具有指导性的施工组织设计和专题方案。

按分部分项工程制定工艺标准，搞好技术交底工作，做到施工按规范、操作按规程、验收按标准。

做好隐蔽工程验收和各技术资料的整理工作，保证资料与工程进度同步。

（3）质量控制措施方面。

①组织保证。在现场施工中建立以项目经理为首的组织控制体系，并且层层落实，在实施过程中，根据有关全面质量管理的文件，从质量策划、合同评审、材料供应和采购把关、施工过程控制、检验和试验设备的控制、文件和资料管理、质量记录控制到各种培训等着手，在整个施工过程中形成一个完整的质量保证控制体系。为保证施工质量，在施工现场实行以项目经理为核心的质量管理网络。以优质工程为目标，实行工程质量目标管理，明确各部门的工作岗位职责，落实质量责任制。由质检员具体负责，实行全过程监督，并强化质量监控和检测手段。

a. 各级施工质量管理人员做到认真学习合同文件、技术规范和监理规程，按设计图纸、质量标准及工程师指令进行施工，落实各项管理制度，严格按程序施工。

b. 坚持谁施工谁负责的原则，制定各部门、岗位质量责任制，使责任到人。企业一把手是工程质量的第一责任者，生产、技术、管理人员，根据各自的范围和要求承担质量责任，把质量作为评比业绩时的一项重要考核指标。

c. 加强对各级施工管理人员和质检人员的培训学习工作，并认真学习贯彻招标文件、技术规范、质量标准和监理规程，除平时自学外，项目经理都要针对施工实际，定期进行分层次的集中培训学习，以便进一步提高业务素质，从而在施工过程中更好地落实标准、履行职责、提高管理水平、把好质量关，以一流质量创一流牌子。

d. 开展质量教育及技术培训。投标人接到中标通知书后，立即组织投入该合同的人员认真学习《技术规范》，并认真做好质量教育工作，提高质量意识，以便全体人员树立质量第一、用户至上、预防为主的意识。

②技术控制。

a. 建立以总工程师为主的技术系统质量保证体系。由总工程师、施工技术员、施工管理部到施工班组的各级技术负责人，从施工方案、施工工艺、技术措施等各方面确保质量达标，从技术上对质量负责。并积极采用和推广先进的施工工艺和科技成果，提高产品质量和产品优良率。

b. 资料管理控制。认真管理施工资料和技术质量资料，做好各种统计报表，对有关的质量数据仔细复合，经常性检验各班组的原始记录，并进行业务指导，同时要及时、准确地将业主、监理和项目部在施工中形成的文件进行收集、管理、归档。并在工程结束时，做好竣工项目的资料汇编工作。

③物资质量控制。物资材料的质量和供应是影响工程质量的重要环节，所以，要严格控制工程材料的采购，对材料商进行认真考查，对比、慎重选择材料供应商。对进场的材料，要经常不定期地抽查，检查材料的各种质量资料和外观，如发现不合格材料，坚决不投入使用。

④施工过程控制。

a. 在施工过程中，施工员及时对班组进行技术交底，要求班组严格按照施工规范、标准对施工的方法、步骤、设备、人员严加控制，并及时做好各类质量记录。各施工班均建立自检制度，认真执行各项质量制度。

b. 技术负责人和施工员经常性对各项工程的施工过程进行检查，及时指出过程中出现的质量问题和质量通病，尽早整改，每一道工序施工完毕后，报监理工程师验收合格后方可进入下一道工序的施工。

c. 各施工班组以自检为主，落实自检、互检、交接检的三检制。开展三工序（查上工序、保证本工序、服务下工序）活动，强化质量意识，教育全体施工人员，努力做到人人关心质量，人人搞好质量。

（4）质量检查组织机构（图 1-5）。

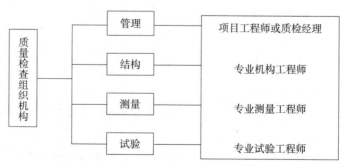

图 1-5　质量检查组织机构示意图

（5）质量检查程序（图 1-6）。

2. 确保工期的措施　根据招标文件的要求，该段高速公路绿化工程的预计工期为 8 个月。由于施工工期跨度较长，其中必定要经历一个非种植季节，公司决定合理安排本工程的施工顺序，尽量将乔木和难移植存活的苗木栽种安排在最适宜的季节内完成。

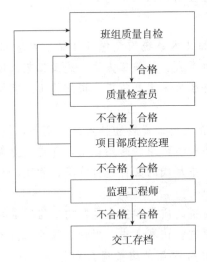

图 1-6　质量检查程序图

（1）从机械配备、人员落实上保证。抽调精干的工程技术人员和富有经验的项目经理组建项目部，统一指挥、协调施工；选派技术力量较强、机械设备先进的施工队伍组成绿化及土方施工队投入施工，从人员落实和机械设备配备上保证工程按期完工。

（2）从材料供应上保证。安排专业人员负责苗木的采购、运输、保管和质检，确保工程需要，坚决杜绝停工待料的现象发生，并做一定数量的材料储备。

（3）从施工计划编排上保证。按照工期要求，分阶段制定施工计划和实施方案，对于重点苗木种植和大树移植，做好施工组织计划。合理安排各个工序的施工顺序，充分利用工作人员经验丰富的有利条件，缩短流水作业的流程，努力加快各环节的施工进度，确保总体工程按时完成。

（4）从安全生产上保证。加强职工安全法教育，增强职工安全生产的观念。各施工班组成立安全小组，由专职安全员负责日常生产的安全检查和督促，保证施工安全顺利进行。

（5）从后勤工作上保证。加强测量设备和车辆的维修保养，保障施工机械的正常运转；搞好职工食堂，做好防病治病工作，保障职工身体健康正常的出勤率，以确保工期。加强与业主的联系，尊重附近居民，做好与当地政府和群众的协调工作，维护人民群众的利益，取得当地政府与民众的支持，使工程施工进展顺利。

（6）从资金落实上保证。在工程施工前期，除业主支付的工程预付款外，本投标人将投入一定数量的自有流动资金，保证工程前期所需的人员材料和设备及时到位，确保前期工作的顺利展开。

对其中业主支付的工程进度款，实行专款专用。业主支付给承包人的工程进度款项，是材料周转和工程实施的重要保证，是广大职工生产积极性的有利保证，必须做到专款专用，不得挪作他用。

（7）积极开展技术攻关。根据以往施工中存在的问题，以及个别园林绿化施工中普遍存在的技术难题，积极开展群众性的技术革新活动，人人动脑筋，尊重科学，在应用和研制新技术、新工艺、新材料、新设备方面，依靠技术进步，为优质快速地建设本项目服务。

（8）从组织措施上保证。

①公司将本工程作为重点工程组织施工，实施全面保证，全力以赴，确保项目所需施工设备、人力及材料资源的及时到位。

②公司与项目经理部、项目经理部与施工队、施工队与作业层，层层签订保工期合同，实行重奖重罚、赶工奖励，用以调动全体员工的积极性，加强跟踪检查，如发现拖延工期现象，即时提出整改措施，并根据情况撤换责任人或作业队伍。

（9）从管理措施上保证。

①本项目进行全面质量管理，工作责任到人，确保工程全过程得到有效控制，以质量保工期。

②应用现代施工技术与方法，以科技保质量进度。

③编制施工进度计划时，充分考虑本工程的绿化施工特点、施工条件、气候环境以及业主的要求，并结合具体情况，统筹安排，合理组织流水和立体交叉作业，使施工进度计划具有较强的科学性、合理性、预见性、可行性和适用性。

④以业主及监理工程师确认的施工总进度计划为目标，以控制关键线路的节点日期准点到达为主干，以滚动计划为链条，确保计划的衔接、稳定与均衡，对计划实行全过程的有效控制。

（四）重点和难点工程的施工方案、方法及措施

1. 非种植季节栽种的技术措施　根据当地的气候特征，该区域的冷暖气团交锋频繁，气候多变，降水年际变化大。在季风环流异常的情况下，春季的低温、梅汛期的暴雨洪涝、伏秋季的干旱和台风等自然灾害常有出现，对公路绿化施工较为不利。同时由于本工程施工时间跨度为 8 个月（具体施工时间还未定），其中难免会遇到此类非种植季节的施工段。因此我公司针对这一特点，尽量将难存活的苗木栽植安排在适宜栽植的时间段。

2. 斜坡栽植乔木的技术措施　由于本工程的部分绿化栽植在山坡上，有些路段坡度较大，对苗木的栽植有一定的技术和景观要求，在此做进一步详述。

山坡上栽植乔木，采用斜坡种植方法。斜坡种植方法和一般的鱼鳞式种植方法有所不同，一般的鱼鳞式栽植法是用来进行植树造林的，因其会造成弧形的树穴，外观类似鱼鳞，在城市园林绿地中不甚美观，故公司对其进行了较大改进。

首先，我们将树穴进行了位移，使土球的上表面全部位于坡线以下，这样树穴覆平后坡度自然美观。其次，考虑到现场土质为黄黏土，我们在树穴底部设立排水盲沟，保证树穴不积水。第三，在泥球的上部，我们采用轻质营养土进行回填，保证乔木根茎处的呼吸畅通，且不影响透水。轻质营养土按照公司以往的施工经验，以 3 份珍珠岩、3 份椰糠、4 份腐叶土混合而成，它具有轻质、透水、透气且富含养分的优点（图 1-7）。

3. 道路养护确保浇水的技术措施　道路养护，最关键的问题是浇水，要想苗木成活率高就要保证及时灌溉。根据现场踏勘的情况，我们发现沿途附近有池塘和河道，在夏季水源紧张的情况下，可以将附近河道里的水源通过机械抽水的方法引入公路两边的边沟内从而使整个水沟

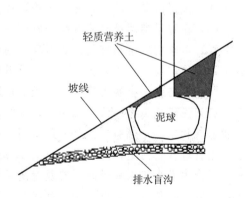

图 1-7　斜坡种植方法示意图

里都积满水，再从水沟里引水至绿地中，这样不但可减轻人工的耗用量，提高工作效率，而且能够及时解除旱情，对树木的生长和景观的保持均非常有利。

除了采用自然水源外，还可以利用市政雨水井中的积水，采用机动洒水车进行沿途喷灌，确保高温季节植物水分的供应。

4. 绿化环境的保护措施 施工期，主要是控制土方运输车辆和施工机械的噪声与振动对村镇居民的影响。居民密集区周边禁止夜间施工，取土坑设置时须注意对农田的影响和水土的流失。

运营期，必须对行驶车辆加强管理，限制低速车（速度小于 50km/h）、慢速车在道路上行驶，以减少和避免喇叭声以及慢车行驶时产生的辐射高噪声。对高速公路上的行驶车辆，项目管理部门必须拟派专人，负责入口的安全检查。

（五）冬季和雨季的施工安排

1. 冬季施工安排

（1）入冬前用稻草或草绳将树木的主干包起，卷干高度在 1.5m 或至分枝点处。包草时半截草身留在地面，从干基折上包起，用绳索扎紧，既可保护树干，平铺地面的草又可使土壤增温。

（2）冬季施工应注意操作环境和安全通道，做好防寒工作，确保施工人员的身体健康及安全。

（3）配备足够的篷布，薄膜等遮雨材料，做好防雨雪措施。

（4）准时收听天气预报，以便及时采取预防措施。

2. 雨季施工安排

（1）雨季施工前，将根据现场和工程进展情况制订雨季施工阶段性计划，并提交监理工程师审批后实施。

（2）雨季施工时，现场周围做好排水沟，边坡上做截水沟，现场排水系统应贯通，并派专人进行疏通，保证排水沟畅通。

（3）道路出入口做泛水，防止地面水流入，保证施工道路不积水，潮汛季节随时收听气象预报，配备足够的抽水设备及防台防汛的应急材料。

（4）做好防雷、防电、防漏工作，保证施工正常进行。

（5）在防汛期间随时注意检查排水系统并准备适量的排水泵，及时排除地块中的积水。

（6）雨季前应组织有关人员对现场临时设备、机电设备、临时线路等进行检查，针对检查出的具体问题，应采取相应措施，及时整改。

（7）在持续发生暴雨等恶劣气候的情况下，乔木可能会被刮倒，绿地可能会积水。我公司会密切注意施工当地的天气预报，提前对乔木进行固定，同时组织抢险队伍，准备足够的防护器材和工具，对施工区域的所有高大乔木增加临时固定措施，一旦出现倒伏、影响交通的马上打桩扶正固定，对建筑物可能造成危害的及时移走，要确保道路不因树木倒伏而受阻。绿地内发生积水成涝时，要及时疏通排水沟，并用水泵及时排水。台风过程中我们会组织抢救队伍，随时扶正倒伏树木和排除各种险情。

（8）对已到达工地的苗木，用雨篷遮雨，使泥球不裸露在雨中，保证泥球的完好无损。部分树种如雪松等由于忌水湿，故在雨季时延期进行移植。

（9）雨季施工的工作面不宜过大，应逐段逐片地分期完成，重要或特殊的土方工程，应尽量在雨期前完成。

（10）雨期施工中应保证工程质量和安全施工的技术措施并随时掌握气象变化情况。

（11）雨期施工前，需检查排水系统，必要时增加排水设施，保证水流畅通。在施工场地周围应防边地雨水流入场内。

（12）雨期施工时，应保证现场运输道路畅通，道路路面据需要加铺煤渣、沙砾或其他防滑材料。在低水处设置水管，以利泄水。

（13）施工中，取土、运土、铺填、压实等各道工序应连续进行。雨前应及时压实已填土层或将表面压光，并做一些坡势，以利排除雨水。

（14）施工期间，施工区域内的原有河道由于汛期而需要实施设导流通道等施工措施。

（六）质量、安全保证体系

1. 质量保证体系（图 1-8）

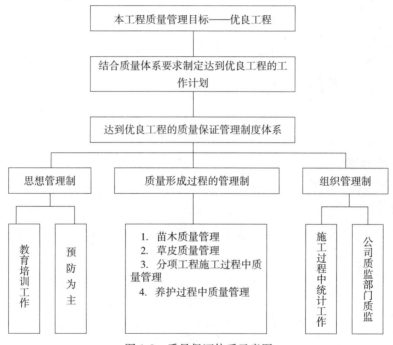

图 1-8　质量保证体系示意图

2. 质量管理网络（图 1-9）

（1）该结构形式是从组织上进行保证，由项目经理负责制落实到各个岗位，组成一个现场质保体系网络，明确责任，层层进行质量把关。

（2）推行全面质量管理，建立和完善质量体系，明确工程项目质量责任制，各有关职能人员都要明确自己在保证工程质量中的责任，各负其职、各尽其责，以工作质量来保证工程质量。

（3）认真进行质量检查，贯彻群众自检和专职检查相结合的方法。组织班组进行自检，做好自检数据的积累和分析，专职质量检查员要加强施工过程的质量检查工作，做好预检和隐蔽工程的验收工作。

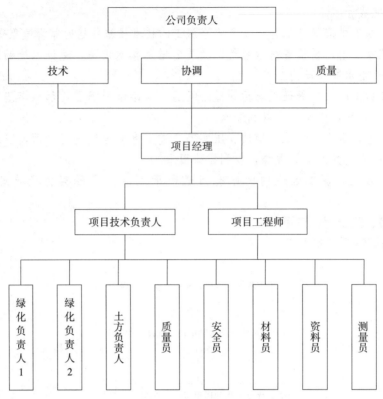

图 1-9　质量管理网络图

3. 安全保证体系

（1）安全保证体系框图（图 1-10）。

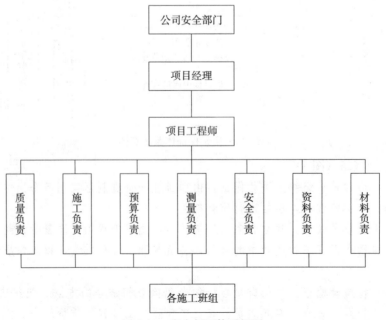

图 1-10　安全保证体系框图

（2）安全保证措施。

①明确项目经理是安全生产第一责任人；安全员对安全生产有否决权；同时明确谁负责生产谁负责安全；在布置任务时，必须做好安全交接。

②施工现场设专职安全员，建立定期全检查制度，要查有记录，同时对查出的隐患及时整改，若严重情况安全员有权停止施工，并向项目经理汇报。

③所有参加施工的作业人员，需经安全技术操作培训合格。操作人员有权拒绝违反安全规定的指令，严禁酒后作业。

④各工种、工序施工前由施工负责人进行书面交底。

⑤在重点部位，如作业点、危险区通道口，根据情况安装宣传标语、警示牌。

⑥加强对现场管线的保护工作。

⑦严禁非现场工作人员进入施工区域。

⑧进一步落实安全生产责任制，明确各级、各部门安全生产责任，多形式开展安全生产宣传教育，包括新进工地人员的三级安全教育；变换工种人员的安全教育；根据季节、施工特点进行针对性的教育。

⑨根据分部分项工程特点进行针对性的全面的安全技术交底，并履行签字手续。

⑩建立施工现场安全检查制度：公司每月检查一次；项目组每旬检查一次；施工分队每周检查一次；对检查中发现的事故隐患整改要做到定人、定措施、定时间如期整改完毕，并完成书面反馈。

⑪认真贯彻执行党和国家的安全生产方针、政策、法令及公司的各项安全生产制度，落实"纵向到底，横向到边"的企业安全生产制度，熟知本人应尽的安全职责义务和应承担的责任。

⑫认真落实安全生产教育制度，加强文明施工、安全第一的思想教育。在开工前，由总公司安全部门、项目安全负责人、项目组安全员和班组兼职安全员对全体职工进行一次安全教育，贯彻安全操作规程，学习安全生产六大纪律和"十项"安全技术措施，并针对本工程特点，对各工种进行分部分项安全技术交底，对新工人进行公司、项目部、班组三级安全教育，各班相应每15d召开一次安全生产、文明施工例会。总结经验和事故教训，落实下一步计划、杜绝伤亡事故，加强本人的自我保护和应变能力，表彰先进、处罚违章。

⑬坚持持证上岗制度，特殊工程必须经培训考核合格持证上岗，中小型机械必须做到定机定人，经总公司技术科及有关统一培训后，经考核合格才允许操作。施工员、安全员、质量员等持上岗证书上岗。

⑭坚持执行班组"安全-讲评"制度。自工程开工到竣工，坚持每天进行班组"安全三上岗"制度，上岗前由班组长进行安全技术交底，上岗时班组安全员上岗巡回检查并认真做好上岗记录，每周进行一次总结讲评。

⑮落实消防安全、健全消防组织机构，由公司安全科长兼任消防队长，由项目部生产安全员担任消防副队长，各项目组安全员、各班组兼职安全员为消防队员，各项目组内警卫、后勤人员和各班组为义务消防队员，落实安全防火检查制度，队员每天进行防火检查，队长每周检查一次。对火险隐患要及时整改，并做好记录。应落实各级防火管理制度，按规定分等级地办理动火审批制度，掌握消防器材的使用管理，建立健全重点防

火制度。

⑯认真贯彻"安全生产检查制度"。生产班组每天上下班前由各安全值班人员进行安全检查。在施工中发现问题要及时解决，施工现场每天由安全员检查一次，发现问题要及时上报工地负责人和专业人员解决，发现违章的人和事，应按公司和项目部"安全生产奖惩制度"进行处理。

⑰在施工现场入口处设五牌一图：施工铭牌、门卫制度牌、安全生产六大纪律牌、"十项"安全技术措施牌、防火须知牌、安全无事故天数和警告牌及施工平面图（图中标明高低压的安全电压、消防用水走向）。各种标牌用三夹板制作，顶部设防雨棚，牌外涂白漆，用红漆或蓝漆书写。电路图用红色，水用绿色，各种机械用形象图表示。

⑱所有施工人员必须统一佩带安全帽，施工现场管理人员戴黄色安全帽，工人戴白色安全帽，机械人员和特殊工种戴蓝色安全帽，吊装指挥人员戴红色安全帽。

⑲进入施工现场必须穿合身的工作服，并做到"三紧"：领紧、袖口紧、下摆紧，才能起到保护工作的作用，穿合适的软底鞋并系紧鞋带。

（七）相关图表

1. 施工总平面布置图（图1-11）

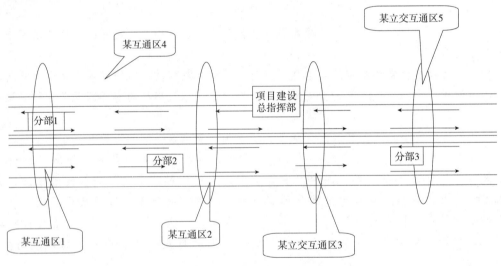

图1-11　施工总平面布置图

注：1. 由于本工程施工路线很长，因此在施工临时设施安排时考虑为便于整体工程的协调，我们拟设了若干个分部，而将总指挥部设在施工面积最大、工程量最集中的某互通区1附近。

2. ——➤表示主进场线路。

2. 施工总体计划表（表1-1）

表 1-1　施工总体计划表

年度	2012 年			2013 年				
月份 \ 主要工程项目	10 月	11 月	12 月	1 月	2 月	3 月	4 月	5 月
1. 施工准备	▬▬							
2. 中央分隔带		▬▬▬▬▬▬▬▬						
3. 互通立交区域		▬▬▬▬▬▬▬▬▬▬						
4. 路基两侧				▬▬▬▬▬▬▬▬▬				
5. 其他						▬▬▬▬▬▬▬		

任务反思

　　园林工程施工方案是重要的技术文件，必须予以高度重视。要了解施工方案的具体作用，如在投标文件的技术标中的作用、现场施工中的作用等。熟悉施工编制技术方法、主要内容、规范文本；重视方案中人力资源、机械设备、施工材料三表的制作；熟悉施工进度控制、施工平面布置及施工技术保障措施等；了解基层施工作业计划、施工任务单的应用。

　　本任务知识点和技能点在实际工程项目管理和施工中的地位特别，将其学好很利于今后工程项目的运作和实施，利于施工前期各种技术方案的编制，无论是对工程项目情报工作、工程招投标，还是对施工方法拟定、施工进度控制、施工质量控制等都有积极的正面影响。

任务 2　定点放线

任务目标

知识目标

1. 了解几种常见的绿化种植模式。

2. 认识种植定点、放线的方法。

技能目标

1. 能够正确识读绿化种植施工图。

2. 能利用网格法进行乔木、地被等种植前的定点放线。

任务准备

一、常见的绿化种植模式

　　施工员作为现场施工的管理及实施者，必须能从图纸中了解设计者的意图，因此掌握常见的绿化种植模式对于施工员的工作中有极大的现实意义。

1. 行列式种植（图 1-12 至图 1-14）　种植要点：园路两旁种植乔木，间距 4～5m，其余为草地，形成通透的空间。

图 1-12　行列式种植

乔木A 8
ϕ: 30~35cm, H: 7.0~8.0m, W: 4.5~5.0m

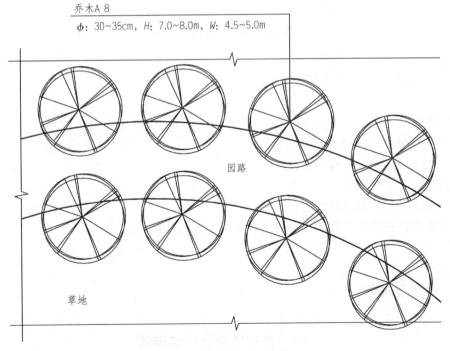

园路

草地

图 1-13　行列式种植平面示意图

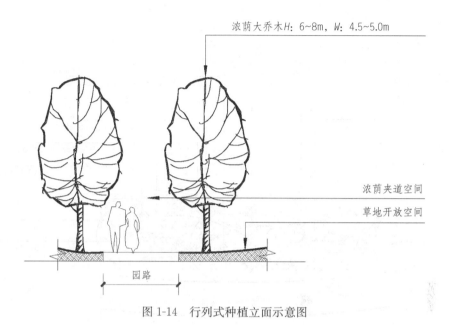

浓荫大乔木 H：6~8m，W：4.5~5.0m

浓荫夹道空间

草地开放空间

园路

图 1-14　行列式种植立面示意图

2. 密植式种植（图 1-15 至图 1-17）　种植要点：以中乔木营造上层空间，以小乔木搭配丰富的灌木和地被形成密实、多层次的隔离空间，种满或留出少量草地。

图 1-15　密植式种植

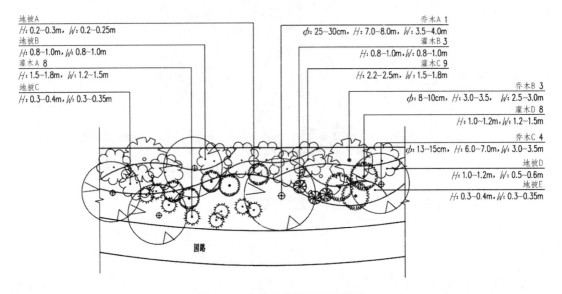

地被A
H: 0.2~0.3m, W: 0.2~0.25m
地被B
H: 0.8~1.0m, W: 0.8~1.0m
灌木A 8
H: 1.5~1.8m, W: 1.2~1.5m
地被C
H: 0.3~0.4m, W: 0.3~0.35m

乔木A 1
ϕ: 25~30cm, H: 7.0~8.0m, W: 3.5~4.0m
灌木B 3
H: 0.8~1.0m, W: 0.8~1.0m
灌木C 9
H: 2.2~2.5m, W: 1.5~1.8m
乔木B 3
ϕ: 8~10cm, H: 3.0~3.5, W: 2.5~3.0m
灌木D 8
H: 1.0~1.2m, W: 1.2~1.5m
乔木C 4
ϕ: 13~15cm, H: 6.0~7.0m, W: 3.0~3.5m
地被D
H: 1.0~1.2m, W: 0.5~0.6m
地被E
H: 0.3~0.4m, W: 0.3~0.35m

园路

图 1-16　密植式种植平面示意图

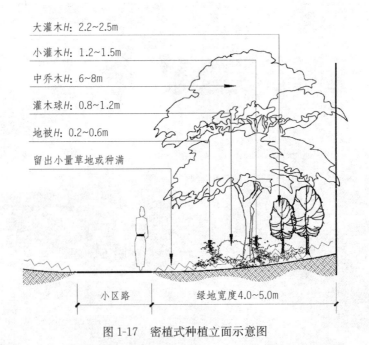

大灌木 H: 2.2~2.5m

小灌木 H: 1.2~1.5m

中乔木 H: 6~8m

灌木球 H: 0.8~1.2m

地被 H: 0.2~0.6m

留出小量草地或种满

小区路　　绿地宽度4.0~5.0m

图 1-17　密植式种植立面示意图

3. 组团式种植（图 1-18 至图 1-20）　种植要点：结合道路两边的微地形，植物种植疏密有致，以同一的乔木或树形基调统一的乔木为骨干树种，搭配灌木、带状地被。

图 1-18　组团式种植

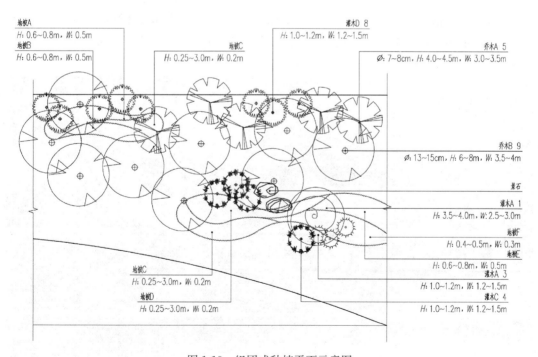

图 1-19　组团式种植平面示意图

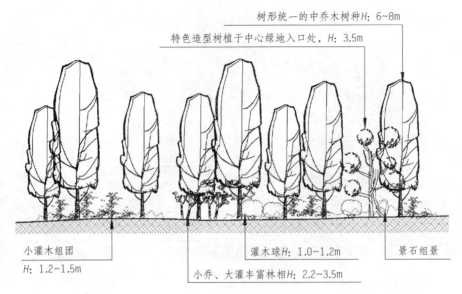

特色造型树植于中心绿地入口处, H: 3.5m

树形统一的中乔木树种H: 6~8m

小灌木组团
H: 1.2~1.5m

灌木球H: 1.0~1.2m

景石组景

小乔、大灌丰富林相H: 2.2~3.5m

图 1-20　组团式种植立面示意图

4. 草坪式种植（图 1-21 至图 1-23）　种植要点：道路边采用层次清晰、树形统一的乔木进行组合种植，配以较丰富的灌木及地被，营造富有节奏变化的草地收放空间。

图 1-21　草坪式种植

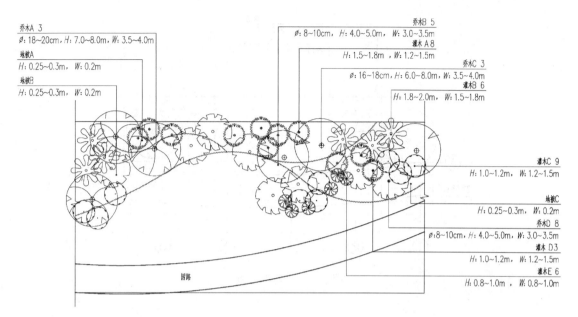

图 1-22　草坪式种植立面示意图

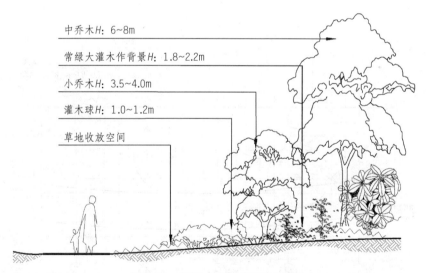

图 1-23　草坪式种植立面示意图

二、定点放线

（一）常用的网格法定点放线

1. 乔木定点放线

（1）在设计图上按比例画出用以定点的方格（图 1-24）。

（2）在图纸上量取树木对其方格的横纵坐标距离（图 1-25）。

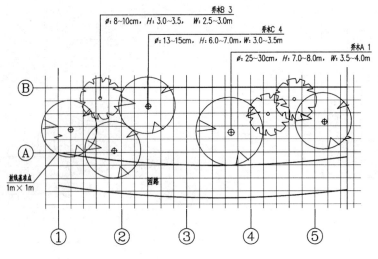

图 1-24　种植施工图

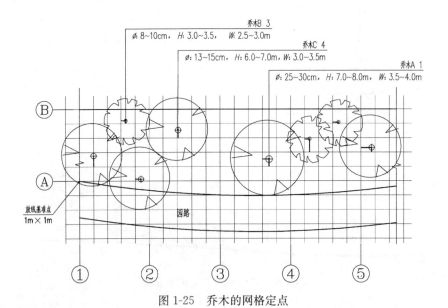

图 1-25　乔木的网格定点

（3）准备工具（图 1-26）。

（4）确定放线范围并确立网格参考点（图 1-27、图 1-28）。

（5）确定网格线并做好轴网的标号（图 1-29、图 1-30）。

（6）确定乔木竖轴和横轴距离（图 1-31、图 1-32）。

（7）定点（图 1-33）。

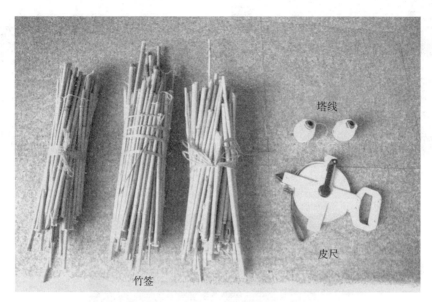

塔线

皮尺

竹签

图 1-26　放线工具

图 1-27　现场拉线

图 1-28　确定施工范围

图 1-29　确定网格线

图 1-30　做好轴网的标号

图 1-31　确定纵轴距离

图 1-32　确定横轴距离

图 1-33　确定种植点、打桩

2. 地被定点放线

（1）在图纸上标好地被线与放线网格的交点（图 1-34）。

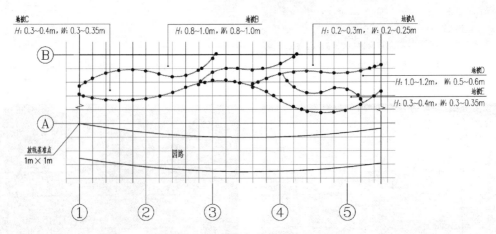

图 1-34　地被线与放线网格的交点

（2）在图纸上量取各交点的距离（图 1-35）。

（3）现场按比例确定各交点的位置（图 1-36）。

（4）用塔线连接各个交点（图 1-37）。

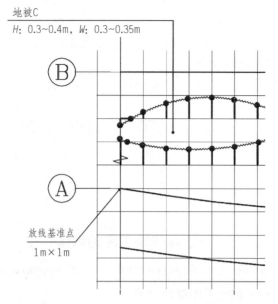

图 1-35　量取各交点与网格线的距离

图 1-36　现场确定各个交点

图 1-37　用塔线连接各个交点

（二）定点放线的其他方法

1. 行道树的定点放线　道路两侧成行列式栽植的树木，称为行道树。行道树栽植时要求位置准确，株行距相等。在已有道路旁定点，以路牙为依据，然后用皮尺、钢尺或测绳定出行位，再按设计定株距，每隔 10 株于株距中间钉一木桩（即不是钉在所挖穴的位置上），作为行位控制标记和株位的依据，然后用白灰点标出单株位置。

由于道路绿化与市政、交通、沿途单位、居民等关系密切，植树位置的确定，除和规划设计部门进行配合协商外，在定点后还应请设计人员验点。

2. 交会法定点　适用于范围较小，现场内建筑物或其他标记与设计图相符的绿地。以建筑物的两个特征点为依据，按图上设计的植株与两个特殊点的距离相交会定出植树位置。

3. 支距法　适用范围更小、就近具有明显标志物的现场。支距法是一种常见的简单易行的定点放线方法。如树木中心点到道路中心线或路牙线的垂直距离，用皮尺拉直角即可完成。在要求净度不高的施工及较粗放的作业中都可用此法。

不管用什么方法，定点后必须做明确的标志。孤植树可钉木桩，写明树种、挖穴规格和穴号；树丛要用白灰线划出范围，线内钉上木桩，写明树种、盆数、穴号，然后用目测方法定单株小点，并用灰点标明。目测定点时要注意以下几点。

（1）树种、数量要符合设计图要求。

（2）树丛内如有两个以上树种，要注意树种高度的层次。宜中心高边缘低或呈由高渐低的倾斜式林冠线。

（3）布局注意自然，遵免呆板，不宜用机械的几何图形或直线。

一、绿化施工图的识读

（1）分小组，小组成员独自识读附录中所提供的《行列式种植施工图》，并经小组讨论后，选定另外一种种植模式的施工图进行识读。

（2）识读完成后，各成员均要完成表 1-2，经小组讨论修改汇总后，由小组召集人上台讲述，其他小组进行质疑、点评并补充，老师进行总评。

表 1-2　植物品种选择登记表

种植模式	可选植物品种		选择的原因
行列式 种植 （自选）	乔木		
	灌木		
	地被		

二、利用网格法进行乔木定点

（1）施工小组利用网格法对密植式种植模式进行乔木定点。

（2）小组完成表 1-3，并由各小组召集人上讲台讲述本小组的实施汇报表，其他组同学进行质疑、点评并补充。教师进行总评，并根据各组汇报情况，归纳出供全班实施的汇报表。

表 1-3　乔木定点施工实施汇报表

工作程序		工作内容	施工中的注意事项
组内成员			
工作步骤	1. 准备施工工具		
	2. 确定放线基准点		
	3. 确定施工范围		
	4. 确定网格线点		
	5. 拉好网格线		
	6. 标明网格点标号		
	7. 园路放线		
	8. 确定乔木种植点		
施工完成情况			年　月　日

三、利用网格法进行地被放线

（1）施工小组以选好的种植模式中的地被种植施工图进行地被放线的现场操作。

（2）小组完成表 1-4，并由各小组召集人上讲台讲述本小组的实施汇报表，其他组同学进行质疑、点评并补充。教师进行总评，并根据各组汇报情况，归纳出供全班实施的汇报表（表 1-4）。

表 1-4　地被放线施工实施汇报表

工作程序		工作内容	施工中的注意事项
组内成员			
工作步骤	1. 准备施工工具		
	2. 确定施工网格		
	3. 计算参照距离		
	4. 现场确立各交点		
	5. 按顺序连接各交点		
施工完成情况			年　月　日

 任务反思

1. 施工员通过阅读图纸，可以获取哪些与施工相关的信息？

2. 现场拉线时有那些地方是需要注意的？

3. 地被放线点的数量与放线形状之间有什么关系？

4. 在进行行道树放线时，有什么需要注意的地方？

任务 3　苗木选择

任务目标

知识目标

1. 了解苗木的主要规格指标。
2. 掌握绿化苗木选苗的共性标准及质量要求。

技能目标

1. 能够全面收集用苗信息，正确填写苗木采购计划表。
2. 能够正确选择绿化苗木，严把苗木质量关。

任务准备

　　苗木质量的好坏直接影响工程栽植的成活率及预期的景观绿化效果，因此苗木选择是一个重要的施工环节。能够在施工中选择出符合设计指标要求并具有优良特性的绿化苗木，对保障整个工程质量至关重要。

一、苗木采购计划制订

　　制订苗木采购计划可以为选择苗木提供依据，并确保苗木采购质量。

　　1. 苗木信息收集　参照招标文件和施工图纸，收集苗木信息，具体包括苗木的品种、规格（高度、胸径、冠幅等主要指标）、数量及质量等信息要求。目前，市场上乔木主要以胸径、苗高、冠幅为主要的规格标准，灌木主要以苗高和冠幅为主要规格标准。

　　2. 苗木采购计划表填写　将收集到的苗木信息，填入苗木采购计划表中。苗木规格一栏的内容可根据用苗方要求的苗木规格指标进行调整，其他栏目的内容可根据需要添加。参见广州某绿化工程项目的苗木采购计划表（表 1-5，体现部分苗木）。

表 1-5　广州某绿化工程项目苗木采购计划表

序号	种类/品种	规格			单位	数量	质量要求
		苗高（cm）	冠幅（cm）	胸径（cm）或种植密度（株/m²）			
1	狐尾椰	400～600	300～350	15～20	株	9	假植苗，净干高 500cm，干直，均匀，地径 50cm，不少于 8 片完整叶片，全冠
2	（大）高山榕	750～800	400～450	33～35	株	4	假植苗，直立径，树型良好，分枝点大于 2.5m，全冠
3	黄槐	300～350	200～250	7～8	株	13	假植苗，直立径，树型良好，全冠

（续）

序号	种类/品种	规格			单位	数量	质量要求
		苗高（cm）	冠幅（cm）	胸径（cm）或种植密度（株/m²）			
4	灰莉球 A	150～160	150～160		株	29	假植苗，球形，枝叶饱满
5	灰莉球 B	120～150	120～150		株	8	假植苗，球形，枝叶饱满
6	刚竹	300～350		3～5	m²	390.7	假植苗，单干，9 株/m²
7	大红花	50～60	40～45	25	m²	107.9	袋苗，枝叶饱满
8	蒲葵仔	50～60	40～50	9	m²	216.5	袋苗，枝叶饱满
9	红花檵木	25～30	20～25	36	m²	88.7	袋苗，枝叶饱满
10	巴西野牡丹	30～40	25～30	25	m²	10.3	袋苗，枝叶饱满
11	时花（红）			49	m²	86.6	件装，枝叶饱满，无病虫害
12	花叶连翘	25～30	25～30	49	m²	238.9	袋苗，枝叶饱满
13	马尼拉草	30cm×30cm 件装草皮			m²	3 649.7	满铺，不露土

二、苗木选择

（一）选苗共性标准及要求

1. 苗木品种及规格必须符合设计要求。

2. 苗木根系发达、生长旺盛、无病虫害、无机械损伤。

（二）各类苗木质量要求

选择的苗木除了考虑是否符合基本的共性要求之外，还需从植株的株型、生长质量、起苗及包装质量等方面入手，严格认真地选苗，这样才能选出能够全面发挥绿化美化效果的苗木。

1. 株型要求

（1）乔木苗。要求苗干通直（园景树除外），有一定的分枝高度（行道树的分枝点高度不低于 2.8m，园景树及孤植树的分枝点高度宜为 2.5m）；主侧枝分布均匀，树冠丰满，不偏冠，叶色正常，树皮鲜艳。其中常绿针叶树，要求下部枝叶不能枯落成裸干状。干性强且无潜伏芽的针叶树，要求中央领导枝要有较强优势，侧芽发育饱满，顶芽有优势，不缺损。如图 1-38 至图 1-40 所示。

（2）大中型灌木苗。要求冠丛丰满，无偏冠、"脱脚"现象；骨干枝粗壮有力，主枝分布均匀，其中单干式灌木，要求主干地径在 3cm 以上，干高不低于 0.5m 且通直。多干式灌木要求根颈处至少有 3 个主枝。如图 1-41 至图 1-43 所示。

（3）小型灌木苗。小型灌木苗主要用于绿篱、花坛和地被。要求苗龄 3 年以上或高度 50cm 以上，分枝均匀，分枝点低，冠丛丰满，无"脱脚"现象。苗木高度基本一致，苗高应比修剪成形后的高度高 10cm 左右。如图 1-43、图 1-44 所示。

（4）嫁接苗。要求嫁接时间应在 3 年以上，嫁接口愈合平整，无砧木滋生的现象。如图 1-45 所示。

（5）整形苗。要求造型完整，树冠浓密丰满、不空缺，线条流畅。如图 1-46 所示。

图 1-38 株型符合要求的樟树大苗

图 1-39 树冠一侧中下部秃空的不合格樟树大苗

图 1-40 株型符合要求的金桂小乔

图 1-41 株型符合要求的尖叶木樨榄球苗

（6）露地栽培花卉苗。对于一、二年生草本花卉，要求冠径不小于 15cm，分枝低矮，有 3～4 个以上的分蘖，枝叶繁茂，无枯枝败叶，花枝高度一致，不"脱脚"，处于孕蕾期或初花期。宿根花卉，要求根系完好，有 3～4 个壮芽。球根花卉，要求块茎和球根必须完整无损，无腐烂和病虫、鼠害且有 2 个以上的芽眼和芽。观叶植物，要求叶片分布均匀，排列整齐，形状完好，色泽正常。如图 1-47 所示。

（7）竹类苗。园林绿化竹苗多用母竹移植苗。要求苗龄为 2～5 年生的带鞭母竹，根鞭健壮。大型竹苗一般要求竿高在 10m 以上，胸径在 6cm 以上。中型竹苗一般要求竿高 5～

图 1-42　树冠严重秃空的不合格的尖叶木樨榄球苗

图 1-43　符合株型要求的红车小灌木苗

图 1-44　树冠严重缺失的不合格的红车小灌木苗

图 1-45　白兰和紫玉兰的嫁接苗

（潘坚 . 2010）

10m，胸径 2～6cm。小型竹苗一般要求竿高 5m 以下，胸径 2cm。如图 1-48 所示。

（8）草坪苗。要求草芯鲜活，色泽一致，疏密均匀，无草墩、无斑秃、无杂草，根系密布，草高不大于 5cm。草块厚度 2～3cm，草卷厚度 1.8～2.5cm。草块、草卷要求尺寸基本一致，厚度一致。如图 1-49 所示。

2. 生长质量要求

（1）大规格苗木必须是在苗圃中经过多次移植培育的，对于未曾移植的实生苗与野生苗需在圃地经 1～2 次"断根缩坨"处理或移至圃地培育 3 年以上方可选用。

（2）同种大苗，选择容器袋苗优于围砖苗，围砖苗优于断根苗。规格较小的幼青年苗木，在栽种季节可考虑选地苗，节约成本。

（3）即将出圃的苗木应是疏植而非密植挤在一起，否则树冠（冠丛）会出现外缘漂亮，

图 1-46　整形后的盘龙形圆柏

图 1-47　符合株型要求的夏堇花苗

图 1-48　符合要求的青皮竹移植苗

图 1-49　规格 70cm×30cm 的百慕大草卷

而内层及下层位置枝叶稀疏的现象。图 1-39 中的不合格的樟树大苗就是因为假植过密而导致树冠缺失。

（4）容器袋苗、围砖苗要以根系完全离开地面生长，仅有少量的细根长至土球外缘为最佳，如果根系长至土球外也不宜太粗。对于上盆时间太长，粗根长至盆外数米的，或刚上盆，根系未长齐不能固定土球的盆苗或袋苗都不宜选用。

（5）较大规格的苗木宜选苗龄处在幼青年期的，尽量不要选用壮老龄苗木。

（6）处于花期的乔、灌苗木不宜选用地苗。选苗当季为花期的应专选初花期的苗木，不要选开败花的苗木。

3. 起苗、包装质量要求

（1）常绿树，名贵树，大规格乔、灌木，反季节栽植的苗木，不耐移植苗木及秋植带冠苗木，必须起土球苗。在反季节植树时，要选用加大土球规格的球苗，确保栽植成活。落叶树苗在其落叶后至萌芽前栽种可起裸根苗。

（2）苗圃"地苗"要按规范起苗，保证根幅长度或土球大小，土球必须带有较多侧根和须根，且根系无劈裂现象。裸根苗要求尽可能多带护心土，浆根均匀饱满，保湿包装完好。土球苗要求土球大小与胸径比例适当。在苗木生长季节，乔木苗的土球大小一般为胸径的6～8倍，灌木苗土球大小一般为冠幅的 1/4～1/2。土球厚度为土球直径的 2/3。土球完整，包扎牢固。

特别提示　苗木选择中的注意事项

（1）坚持选择本地苗木，最好选择在距离种植现场近的苗圃备苗，确保苗木成活率。

（2）尽量选择正规苗圃的苗木，确保苗木质量。万一苗木有问题，也可以得到妥善的解决。

（3）要事先充分了解备选苗木栽植位置的特点及其采用原因，有助于灵活选苗。

（4）要做到亲临实地选苗，不宜通讯选苗，防止被骗。

（5）要认真选苗，选苗时要绕苗四周一圈，避免选到正面漂亮，背面有缺陷的苗木。

（6）选定的大苗，要及时逐株进行喷漆号苗、编号，做好选苗资料记录。号苗应标记在苗木的主要观赏面或向阳面的位置。

（7）选定的大树或主要景观树苗要及时拍照留底，以便于在苗木存档及验收时核对使用。

三、人员及材料、设备配置

1. 人员配备　可由苗木采购岗位的员工独立完成。

2. 材料准备　某种植工程项目的招标文件及施工图纸。

3. 设备配置　围尺、皮尺、相关表格等。

任务实施

以下两个任务分别按照下列步骤进行。

（1）依据本任务的【任务准备】，每个同学认真填写实施计划表。

（2）分小组讨论。小组召集人将本小组讨论的最合理的工作内容及注意事项填写在教师发放的空白表格中。小组召集人由本组组员轮流担任，每完成一项工作轮换一次。

（3）各小组召集人上讲台讲述本小组的实施计划表，其他组同学进行质疑、点评并补充。教师进行总评，并根据各组汇报情况，归纳出供全班实施的计划表。

（4）根据教师总结归纳的任务实施计划表进行操作，最后检查学生操作成果并进行评价。

一、苗木采购计划制订（表 1-6）

表 1-6　苗木采购计划制定实施计划表

工作程序		工作内容	计划表评价		操作中的注意事项
			自评	组评	
	组内分工				
	工作设备及数目				
	工作材料及数目				
工作步骤	1. 收集苗木信息				
	2. 制订相应苗木类别的采购计划表格				
	3. 填写苗木信息				
操作成果评价			年　月　日		

二、苗木选择（表 1-7）

表 1-7　苗木选择实施计划表

工作程序		工作内容	计划表评价		操作中的注意事项
			自评	组评	
	组内分工				
	工作设备及数目				
工作步骤	1. 熟悉苗木的品种及规格要求				
	2. 根据株型要求选苗				
	3. 根据生长质量要求选苗				
	4. 根据起苗、包装质量要求选苗				
操作成果评价			年　月　日		

任务反思

　　对照【任务准备】中的"特别提示"及在施工中出现的问题，分别完成表 1-6、表 1-7 中的"操作中的注意事项"。

一、苗木选择的常用名称及定义（表 1-8）

表 1-8　苗木选择的常用名称及定义

常用名称	名称解释
小乔木	自然生长的成龄树、株高在 3～8m 的乔木
中乔木	自然生长的成龄树、株高在 8～15m 的乔木
大乔木	自然生长的成龄树、株高在 15m 以上的乔木
丛生型苗木	自然生长的，树形呈丛生状的苗木
匍匐型苗木	自然生长的，树形呈匍匐状的苗木
蔓生型苗木	自然生长的，树形呈蔓生状的苗木
单干型苗木	自然生长或经过人工整形后具有 1 个主干的苗木
多干型苗木	自然生长或经过人工整形后具有 3 个以上主干的苗木
实生苗	采用种子播种繁殖直接培育而成的苗木
容器苗	直接栽植于容器内或由地栽移植到容器内，在容器内生长半年以上，并已形成完整根系和冠幅的苗木
假植苗	经过断根后，包扎好完整的土球，并移栽到异地或在原地假植 2 个月以上的苗木
地苗	没有经过断根或移植，直接从苗圃地里起挖的带土球或裸根的苗木
胸径（干径）	苗木主干离地面 1.3m 处的直径
地径（基径）	苗木主干离地面 15cm，基部均匀处的直径
米径	乔木主干离地 1m 处的直径
冠径	乔木树冠垂直投影面的直径
蓬径	灌木、灌丛垂直投影面的直径
树高	树木从地面至树木顶端的垂直高度
分枝点	乔木树冠下第一分枝与主干的交点
枝下高	从地表面到乔木树冠的第一个分枝点的垂直高度
干高	乔木最下面的分枝点到地面的高度
灌高	从地表面至灌木丛正常生长顶端的垂直高度
移植次数	苗木在苗圃培育过程中移植的次数

二、相关规范

（中华人民共和国城镇建设行业标准 CJ/T 24—1999）节选如下

3. 名词术语《城市绿化和园林绿地用植物材料　木本苗》

3.9　干径：指苗木主干离地表面 130cm 处的直径。适用于大乔木和中乔木。

3.10　基径：指苗木主干离地表面 10cm 处的基部直径。适用于小乔木和单干型灌木。

3.11　冠径：指乔木树冠垂直投影面的直径。

3.12　蓬径：指灌木、灌丛垂直投影面的直径。

3.13 树高：指乔木从地表面至树木正常生长顶端的垂直高度。

3.14 分枝点高：指乔木从树冠的最下分枝点到地表面的垂直高度。

3.15 灌高：指灌木从地表面至灌丛正常生长顶端的垂直高度。

3.16 移植次数：指苗木在苗圃培育的全过程中经过移栽的次数。

4 技术要求

4.1 苗木出圃前的基本要求。

4.1.3 出圃苗木应具备生长健壮、枝叶繁茂、冠形完整、色泽正常、根系发达、无病虫害、无机械损伤、无冻害等基本质量要求。参照 CJ/T 23 有关规定进行。凡不符合上述要求的苗木不得出圃。

4.1.4 苗木出圃前应经过移植培育。五年生以下的移植培育至少一次；五年生以上（含五年生）的移植培育两次以上。

4.2 各类型苗木产品规格质量标准

4.2.1 乔木类常用苗木产品主要规格质量标准见附录。

4.2.1.1 乔木类苗木产品主要质量要求：具主轴的应有主干枝，主枝应分布均匀，干径在 3.0cm 以上。

4.2.1.2 阔叶乔木类苗木产品质量以干径、树高、苗龄、分枝点高、冠径和移植次数为规定指标；针叶乔木类苗木产品质量规定标准以树高、苗龄、冠径和移植次数为规定指标。

4.2.1.3 行道树用乔木类苗木产品主要质量规定指标为：阔叶乔木类应具主枝 3～5支，干径不小于 4.0cm，分枝点高不小于 2.5m；针叶乔木应具主轴有主梢。

注：分枝点高等具体要求，应根据树种的不同特点和街道车辆交通量，各地另行规定。

4.2.2 灌木类常用苗木产品主要规格质量标准见附录。

4.2.2.1 灌木类苗木产品主要质量标准以苗龄、蓬径、主枝数、灌高或主条长为规定指标。

4.2.2.2 丛生型灌木类苗木产品主要质量要求：灌丛丰满，主侧枝分布均匀，主枝数不少于五枝，灌高应有三枝以上的主枝达到规定的标准要求。

4.2.5 棕榈类等特种苗木产品主要规格质量标准见附录。

4.2.5.1 棕榈类特种苗木产品主要质量标准以树高、干径、冠径和移植次数为规定指标。

5 检测方法

5.1 测量苗木产品干径、基径等直径时用游标卡尺，读数精确到 0.1cm。测量苗木产品树高、灌高、分枝点高或着叶点高、冠径和蓬径等长度时用钢卷尺、皮尺或木制直尺，读数精确到 1.0cm。

5.2 测量苗木产品干径当主干断面畸形时，测取最大值和最小值直径的平均值。测量苗木产品基径当基部膨胀或变形时，从其基部近上方正常处测取。

5.3 测量乔木树高从基部地表面到正常枝最上端顶芽之间的垂直高度。不计徒长枝。对棕榈类等特种苗木的树高从最高着叶点处测量其主干高度。

5.4 测量灌高时，应取每丛三支以上主枝高度的平均值。

5.5 测量冠径和蓬径，应取树冠（灌蓬）垂直投影面上最大值和最小值直径的平均值，最大值与最小值的比值应小于 1.5。

5.6　检验苗木苗龄和移植次数，应以出圃前苗木档案记录为准。

任务 4　苗木进场

知识目标

1. 苗木挖掘方法。

2. 苗木包装方法。

3. 苗木临时假植方法。

技能目标

1. 会使用工具挖掘苗木。

2. 了解苗木运输与包装的技术要求。

3. 会对苗木进行临时假植处理。

4. 掌握苗木进场时的苗木验收标准。

一、苗木起挖

1. 裸根起苗　落叶阔叶树在休眠期移植时，一般采用裸根起苗。一般根系的半径为苗木地径的 5～8 倍，高度约为根系直径的 2/3，灌木一般以株高的 1/3～1/2 确定根系半径。如二、三年生苗木保留根幅直径为 30～40cm。大规格苗木裸根起苗时，应单株挖掘。以树干为中心划圆，在圆心处向外挖操作沟，垂直挖下至一定深度，切断侧根，然后于一侧向内深挖，并将粗根切断。如遇到难以切断的粗根，应将四周土挖空后，用手锯锯断。切忌强按树干和硬劈粗根，防止造成根系劈裂。根系全部切断后，将苗取出，对病伤劈裂及过长的主根应进行修剪。起小苗时，在规定的根系幅度稍大的范围外挖沟，切断全部侧根然后于一侧向内深挖，轻轻倒放苗木并打碎根部泥土，尽量保留须根，挖好的苗木立即打泥浆。苗木如不能及时运走，应放在阴凉通风处假植。起苗前如天气干燥，应提前 2～3d 对起苗地进行灌水，使土壤充分吸水，土质变软，便于操作。

2. 带土球起苗　一般乔木的土球直径为根颈直径的 8～16 倍，土球高度为直径的 2/3，应包括大部分的根系在内，灌木的土球大小以其高度的 1/3～1/2 为标准。在天气干旱时，为防止土球松散，于挖前 1～2d 灌水，增加土壤的黏结力。挖苗时，先将树冠用草绳拢起，再将苗干周围无根生长的表层土壤铲除，在应带土球直径的外侧挖一条操作沟，沟深与土球高度相等，沟壁应垂直，遇到细根用铁锹斩断，3cm 以上的粗根，不能用铁锹斩，以免振裂土球，应用锯子锯断，挖至规定深度，用锹将土球表面及周围修平，使土球上大下小呈苹果形。主根较深的树种土球呈萝卜形，土球上表面中部稍高，逐渐向外倾斜，其肩部应圆滑，不留棱角，这样包扎时比较牢固，不易滑脱。土球的下部直径一般不应超过土球直径的2/3。自上向下修土球至一半高度时，应逐渐向内使土球缩小至规定的标准，最后用锹从土球底部斜着向内切断主根，使土球与土底分开，在土球下部主根未切断前，不得硬推土球或硬掰树干，以免土球破裂和根系断损，如土球底部松散，必须及时填塞泥土和干草，并包扎结实。

二、苗木修剪

开挖前在保证苗木树形的前提下，大致要修剪、缩剪苗木枝条，主要包括去除徒长枝、过密枝、绞缢枝和交叉枝；对根部进行修剪时，将劈裂根、病虫根、过长根剪除，保持地上地下生长平衡。如落叶乔木的主枝可剪取枝条的 $1/5 \sim 2/3$；有主尖的乔木应保留主尖，如银杏只能疏剪、不能回缩；国槐等耐修剪的树种摸头修剪；常绿针叶树只剪除病虫枝、枯死枝、衰弱枝、过密枝和下垂枝；行道树的苗木按定干要求缩剪，剪口封漆。如图 1-50 所示。

对于高大树木，修剪可以在栽植入穴前进行，以利于促生新枝，更新老枝。剪口应平滑，避免劈裂，枝条短截的应留外芽，剪口应距离芽位置 1cm 以上。

图 1-50　苗木修剪

三、苗木包装与运输

1. 裸根苗包扎　将包装材料铺放在地上，上面放上苔藓、锯末、稻草等湿润物，然后将苗木根对根地放在包装物上，并在根间放些湿润物。当每个包装的苗木数量达到一定要求时，用包装物将苗木捆扎成卷。捆扎时，在苗木根部的四周和包装材料之间，应包裹或填充均匀而又有一定厚度的湿润物。捆扎不宜太紧，以利通气。

2. 带土球苗木包扎　最简易的包扎方法是四瓣包扎，即将土球放入蒲包中或草片上，然后拎起四角包好。大型土球包装应结合挖苗进行。按照土球规格的大小，在树木四周挖一圈，使土球呈圆筒形。用利铲将圆筒体修光后打腰箍，第一圈将草绳头压紧，腰箍打多少圈，视土球大小而定，到最后一圈，将绳尾压住，使其不分开。腰箍打好后，随即用铲向土球底部中心挖掘，使土球下部逐渐缩小。为防止倾倒，可事先用绳索或支柱将大苗暂时固定。然后进行包扎，草绳包扎主要采用桔子式，先将草绳一头系在树干（或腰绳）上，在土球上斜向缠绕，经土球底绕过对面，向上约于球面一半处经树干折回，顺同一方向按一定间隔缠绕至满球。然后再绕第二遍，与第一遍的每道肩沿处的草绳整齐相压，缠绕至满球后系牢。再于内腰绳的稍下部捆十几道外腰绳，而后将内外腰线呈锯齿状穿连绑紧。最后在计划将推倒的方向上沿土球外

图 1-51 土球包扎
（地产网.2014）

沿挖一道弧形沟，并将树轻轻推倒，这样树干不会因碰到穴沿而损伤。如图 1-51、图 1-52 所示。

图 1-52 包扎好的土球

3. 苗木装车方法

（1）裸根苗的装车方法及要求。装车不宜过高过重，压得不宜太紧，以免压伤树枝和树根；树梢不准拖地，必要时用绳子将枝梢围拴吊拢起来，绳子与树身接触部分，要用蒲包垫好，以防伤损干皮。卡车后厢板上应铺垫草袋、蒲包等物，以免擦伤树皮，碰坏树根。装裸根乔木时应树根朝前，树梢向后，顺序排码。长途运苗最好用苫布将树根盖严捆好，这样可以减少树根失水。

（2）带土球苗装车方法与要求。2m 以下（树高）的苗木，可以直立装车，2m 高以上的树苗，则应斜放，或完全放倒，土球朝前，树梢向后，并立支架将树冠支稳，以免行车时树冠晃摇，造成散坨。土球规格较大，直径超过 60cm 的苗木只能码 1 层；小土球则可码放 2~3 层，土球之间要码紧，还须用木块、砖头支垫，以防止土球晃动。土球上不准站人或压放重物，以防压伤土球。如图 1-53 所示。

4. 苗木的运输 城市交通情况复杂，而树苗往往超高、超长、超宽，应事先办好必要的手续；运输途中押运人员要和司机配合好，尽量保证行车平稳，运苗过程提倡迅速及时。短途运苗时不应停车休息，要一直运至施工现场。长途运苗应经常给树根部洒水，中途停车

图 1-53 土球吊装

应停于有遮阳的场所，遇到刹车绳松散，苫布不严，树梢拖地等情况，应及时停车处理。如图 1-54 所示。

图 1-54 苗木运输
(苗木网.2008)

如果是短距离运输，苗木可散在筐篓中，在筐底放上一层湿润物，筐装满后在苗木上面再盖上一层湿润物即可，以防苗根不失水为原则。如果是长距离运输，则裸根苗苗根一定要蘸泥浆，带土球的苗要在枝叶上喷水。再用湿苫布将苗木盖上。

无论是长距离运输还是短距离运输，都要经常检查包内的湿度和温度，以免湿度和温度不符合植物运输要求。如包内温度高，要将包打开，适当通风，并要更换湿润物以免发热。若发现湿度不够，要适当加水。另外，运苗时应选用速度快的运输工具，以便缩短运输时间；有条件的还可用特制的冷藏车来运输。

四、苗木假植

选地势高燥、排水良好、背风且便于管理的地段，挖一条与主风方向相垂直的沟，规格根据苗木的大小来定，一般深宽各为 30～45cm，迎风面的沟壁成 45°。将苗木成捆或单株摆放在此斜面上，填土压实。如图 1-55 所示。

图 1-55　苗木假植
（苗木网.2012）

五、苗木质量标准

1. 苗木进场土球标准

（1）正常的种植季节。

①落叶的乔木：土球要求为树木的直径的 6～8 倍，土球进场的损伤的度不超过 1/5。

②常绿乔木：土球要求为树木的直径的 6～8 倍，土球进场的损伤的度不超过 1/5。

（2）非种植季节。

①落叶的乔木：土球要求为树木的直径的 8～10 倍，土球进场的损伤的度不超过 1/5。

②常绿乔木：土球要求为树木的直径的 8～10 倍，土球进场的损伤的度不超过 1/5。

2. 苗木检验

（1）苗木规格检验。

①地径或胸径用游标卡尺或特制的工具测量；植株高和根系长用钢卷尺或木制直尺测量，读数精确到 1cm。

②苗高：自地径至顶芽基部的高度。

③根系长度：垂直根为从地径至主根末端的长度；水平根为根幅半径。

④土球包装：以钢卷尺或木制直尺测量包装体积，读数精确到 1cm。

（2）苗木品种纯度检验。以苗木成活后 3 个月的检验为准。

（3）苗木数量检验。以施工人员实际清点数量为准。

（4）苗木质量检验。苗木质量检验包括对苗木根、茎、干、顶芽和木质化程度的检验，进行随即抽样并将结果填入检验表中。现场人员根据验收结果填制《验收单》并认真保存，以备查证，验收单也是结账的依据。

六、苗木进场报验与检验（表 1-9、表 1-10）

表 1-9　苗木进场报验申请

工程名称：　　　　　　　　编号：

致：×××公司
我单位已完成了×××绿化工程××标段雪松、白蜡、大叶女贞、法桐进场的自检工作，现报上该工作报验申请表，请予以审查和验收。 　　附件：苗木进场检验记录表   　　　　　　　　　　　　　　　　　　　　　　承包单位（章）＿＿＿＿＿＿＿＿ 　　　　　　　　　　　　　　　　　　　　　　项目经理　　　＿＿＿＿＿＿＿＿ 　　　　　　　　　　　　　　　　　　　　　　日　　期　　　＿＿＿＿＿＿＿＿
审查意见：   　　　　　　　　　　　　　　　　　　　　　　项目监理机构＿＿＿＿＿＿＿＿ 　　　　　　　　　　　　　　　　　　　　　　总/专业监理工程师＿＿＿＿＿＿＿ 　　　　　　　　　　　　　　　　　　　　　　日　　期＿＿＿＿＿＿＿＿

表 1-10　苗木进场检验记录表

工程名称		×××绿化工程××标段			检验日期		月　　日	
序号	类别	树种名称	来源	规格	根系树型及土球	检疫	单位进场	数量
1	1	雪松	××	H：4～4.5m	符合要求	符合要求	株	20
2	1	雪松	××	H：4.5～5m	符合要求	符合要求	株	10
3	4	法桐	××	Φ6cm	符合要求	符合要求	株	31
4	4	法桐	××	Φ8cm	符合要求	符合要求	株	50
5	1	大叶女贞	××	Φ6cm	符合要求	符合要求	株	16
6	1	大叶女贞	××	Φ8cm	符合要求	符合要求	株	46
7	4	白蜡	××	Φ10cm	符合要求	符合要求	株	90

检验结论：苗木树形丰满、树姿优美、树势强，所带土球尺寸符合要求，无病虫害。

签字栏	施工单位：××公司			监理单位：	
	检查员		专业监理工程师		
	质检员				

注 1：本表由施工单位填写，施工单位、监理单位各保存一份。

注 2：类别划分：1.常绿乔木　2.常绿灌木　3.绿篱　4.落叶乔木　5.落叶灌木　6.色块（带）　7.花卉　8.藤本植物　9.水生植物　10.竹子　11.草坪地　Φ：胸径　H：高度　R：冠幅　D：地径。

七、人员材料及设备配置

　　每小组准备锄头、顿铲、铁锨、草绳、枝剪、手锯等工具，以小组为单位（每小组 6人），完成 1～2 株苗木的起挖、运输、修剪和临时假植工作。

任务实施

本任务按照下列步骤进行。

（1）依据本任务的【任务准备】中一、二、四，各小组讨论实施方案。

（2）各小组选派代表上讲台讲述本小组的实施方案，其他组同学进行质疑、点评并补充。教师进行总评，并根据各组汇报情况，归纳出供全班实施的计划表。

（3）各小组熟练完成苗木起苗、运输前修剪及临时假植任务，并记录详细的讨论过程。

（4）观摩现场或观看苗木包装与运输过程相关的视频资料。

项目小结

见图 1-56。

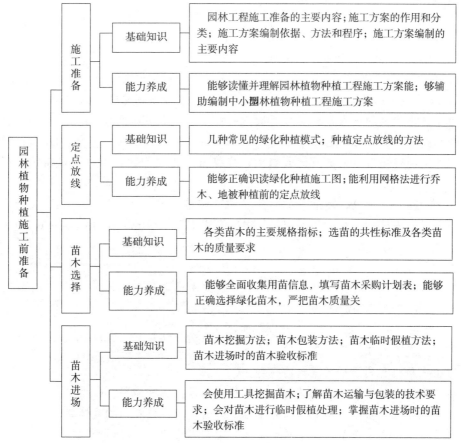

图 1-56　园林植物种植施工前准备的知识框架

 **项目测试**

一、名词解释

1. 号苗

2. 地苗

3. 假植

4. 断根缩坨

5. 截干

二、单项选择题

1. 网格法定点中的方格一般常采用的规格是（　　）。

　　A. 20m×20m　　　　　　B. 40m×40m　　　　　　C. 25m×20m　　　　　　D. 25m×25m

2. 在行列式植物种植的定点中应每隔（　　）株于株距中间钉一木桩，作为行位控制标记和株位的依据，然后用白灰点标出单株位置。

　　A. 20　　　　　　　　　B. 10　　　　　　　　　C. 5　　　　　　　　　D. 30

3. 选择乔木大苗时，出现以下＿＿＿＿＿＿情况的苗木不宜选种。

　　A. 经多次移植的实生苗　　　　　　B. 较多粗根长至容器外的袋苗

　　C. 在圃地培育 3 年以上的野生苗　　D. 冠形圆满，疏植的大苗

4. 在采购苗木时，以下做法有误的是＿＿＿＿＿＿。

　　A. 就近原则选苗　　　　　　　　　B. 选择正规苗圃选苗

　　C. 采用通讯选苗　　　　　　　　　D. 选定大苗要及时号苗

5. 为了选出优良的苗木，选苗时须从苗木的＿＿＿＿＿＿等方面考虑。

　　A. 株型　　　　B. 生长质量　　　　C. 起苗及包装质量　　　　D. 包括 ABC

6. 苗木运到现场后，未能及时栽植的，应将苗木排在沟内，树梢顺风斜放，同时，将根系埋住。这种方法称为（　　）。

　　A. 栽植　　　　B. 假植　　　　C. 定植　　　　　　D. 寄植

7. 若长时期假植，可在背风处挖假植沟，沟宽 1.5～2.0m、深 30～50cm，迎风一面挖成角度为（　　）的斜坡。

　　A. 60°　　　　B. 45°　　　　C. 30°　　　　　　D. 10°

8. 断根缩坨一般在大树移植前（　　）年的春季或者秋季进行。

　　A. 5～6　　　　B. 4～5　　　　C. 3～4　　　　　D. 2～3

三、判断题（正确的画"√"，错误的画"×"）

1. 网格法适于面积大且地势平坦的地块。（　　　）

2. 密植式种植有利于形成宽阔的视野。（　　　）

3. 目前市场上用于衡量灌木苗的主要规格指标是苗高和胸径。（　　　）

4. 在选择乔木大苗时，不宜选择处于壮老龄的大树，以免影响成活率。（　　　）

5. 在植物生长季节选苗，为了节约成本，栽种规格较小的幼青年苗木，可考虑选用地苗。（　　　）

6. 选择同种大苗时，容器袋苗优于围砖苗，围砖苗优于断根苗。（　　）

7. 树木栽植成活的关键在于如何使新栽植的树木与环境迅速建立密切联系，及时恢复树体内以水分代谢为主的生理平衡。（　　）

8. 大树移栽时，对于树冠部分，一般不进行重剪。（　　）

9. 定点放线是指根据园林树种绿化种植设计图，按比例将所栽植树木的种植点落实到地面。（　　）

10. 在挖掘大苗时，如果遇到难以切断的树根，可以强按树根和硬伤树根。（　　）

四、综合分析题

1. 如何才能有效提高编制工程项目施工方案的水平？

提示：先领会感悟施工方案的作用和意义及其在工程中的实践应用；其次，熟悉施工方案规范文本应具备的基本项目与内容；再次，要重点编好施工进度计划、施工平面布置图、施工技术方法，认真完成三个表（人工、材料、机械）；而后以管理者身份制定施工安全技术措施，一条一条列出；最后以成本优化的眼光分析方案的效益性。

2. 要成功取得某个园林景观工程新项目，必须关注哪些技术步骤？

提示：经验、信息、技巧是获取工程项目的关键。经验指操作人具有项目运作的市场经验，了解项目操作的市场规则，同时也指投标单位通过工程项目施工技术积累，已形成的企业文化和施工作业态度；经验的积累是专业知识和专业技能的掌握与灵活应用过程，缺之谈不上有经验。信息即获取项目源的信息，通过媒体广告、招标讯息、横向纵向单位沟通、同学友仁联系、报告论坛、信息展示会和发布会等取得。技巧是经验的具体表现化，是操作者工程运作的个性化。

3. 采用网格法定点的施工流程是什么？

4. 某公司须购买一批苗木，有乔木大苗、大中小型灌木苗、草花、草皮等。如果你是该公司的采购员，为了保证苗木质量，你会做哪些采购前的准备工作？以及如何正确选苗？

项目2

园林植物种植施工技术

项目导入

　　小赵在宋师傅的带教下参与了几项园林植物种植施工项目，宋师傅非常有耐心，总是一边操作、一边讲解，从种植穴的挖掘到围堰浇水，从包装移植到大树吊装，从花卉栽植到草坪建植等，如数家珍，娓娓道来，小赵逐渐体会到"挖坑种树"不仅需要严格规范的操作技术、吃苦耐劳的精神，更需要严谨务实的科学态度……

　　园林植物种植施工技术主要指乔木、灌木、草坪等各类园林植物的栽植技术要点，是园林绿化公司的核心岗位需求。
　　本项目的学习内容为：（1）树木栽植；（2）大树移植；（3）花坛栽植；（4）草坪建植。

任务1　树木栽植

任务目标

知识目标
1. 土壤改良的方法措施。
2. 种植穴、种植槽的挖掘方法。
3. 植物种植技术规范。
4. 植物栽后管理措施。

技能目标
1. 了解微地形的处理方法。
2. 掌握生产中常用的土壤改良技术。
3. 熟练操作种植穴、种植槽的挖掘工作。
4. 掌握苗木种植施工过程。
5. 掌握苗木种植后的成活管理措施。

一、微地形处理

园林微地形的塑造是"效法自然"在园林中的具体应用，其最初目的是追求自然、模仿自然，后来又发挥了微地形排水、遮挡等其他多方面的功能。在造园工程中，适宜的微地形处理有利于丰富竖向景观，有利于改善生态环境。

1. 广场绿地　广场一般地势较平，为突出广场的某些功能，往往对地形进行抬升和下降处理，以体现不同的场地用途。如对于公共休闲广场，常做成下沉式广场以满足群众文化娱乐的需求，对于雕塑园林，常对主体雕塑做抬升处理，以充分突出其重要性。

2. 街头绿地　街头绿地在施工中遇到的最多，街道绿化是街道景观的要素，可丰富街道立体景观。主要原则是要大方自然，起伏自然，不夸张，并结合植物的栽植进行处理。我们在整地时先用挖掘机、铲车等，做出微地形的大体模型，再人工细细修整。不必拘泥于图纸的设计，可以根据现场周边环境及绿地的实际情况做出适宜的微地形，这叫作"适地适形"。

3. 园路　园路是园林中的纽带，园路的微地形处理也比较常见。可用适当的园路的地形起伏，丰富园林景观，增加情趣。园路两侧的微地形还有利于排水。在施工时要以路为参照物，根据路的走向起伏来处理微地形，不能形成洼地等园林绿化上的大忌。

4. 居住区绿化的微地形处理　居住区建筑较多，绿地较小且分散，微地形不能太复杂，除了美观外还要发挥微地形的功能，如用微地形来遮挡不和谐的建筑散水、各种盖板和窨井，并配以适当的植物，使其与周围景致更加协调。

二、土壤改良

土壤改良是指针对土壤的不良性状和障碍因素，采取相应的物理或化学措施，改善土壤性状，提高土壤肥力，增加作物产量，以及改善人类生存的土壤环境的过程。

1. 土壤改良的基本途径

（1）水利土壤改良，如建立农田排灌工程，调节地下水位，改善土壤水分状况，排除和防止沼泽地和盐碱化。

（2）工程土壤改良，如运用平整土地，兴修梯田，引洪漫淤等工程措施改良土壤条件。

（3）生物土壤改良，用各种生物途径如种植绿肥、放牧增加土壤有机质等，以提高土壤肥力。

（4）耕作土壤改良，如改进耕作方法，改良土壤条件。

（5）化学土壤改良，如施用化肥和各种土壤改良剂等提高土壤肥力，改善土壤结构等。

2. 土壤改良技术　土壤改良技术主要包括土壤结构改良技术、盐碱地改良技术、酸化土壤改良技术、土壤科学耕作和治理土壤污染技术。

（1）土壤结构改良是指通过施用天然土壤改良剂（如腐殖酸类、纤维素类、沼渣等）和人工土壤改良剂（如聚乙烯醇、聚丙烯腈等）来促进土壤团粒的形成，改良土壤结构，提高土壤肥力和固定表土，保护土壤耕层，防止水土流失。

（2）盐碱地改良，主要是指通过脱盐剂技术、盐碱土区旱田的井灌技术、生物改良技术进行土壤改良。

（3）酸化土壤改良是指控制二氧化碳的排放，制止酸雨发展或对已经酸化的土壤添加碳酸钠、硝石灰等土壤改良剂来改善土壤肥力、增加土壤的透水性和透气性。

（4）土壤科学耕作主要指采用免耕技术、深松技术来解决由于耕作方法不当造成的土壤板结和退化问题。

（5）土壤重金属污染的治理主要是指采取生物措施和改良措施将土壤中的重金属萃取出来，富集并搬运到植物的可收割部分或向受污染的土壤投放改良剂，使重金属发生氧化、还原、沉淀、吸附、抑制和拮抗作用。

三、乔、灌木的种植穴、种植槽的挖掘方法

1. 挖穴前准备

（1）种植穴、种植槽挖掘前，应向有关单位了解地下管线和隐蔽物埋设情况。

（2）种植穴、种植槽的定点放线。

①种植穴、种植槽的定点放线应符合设计图纸要求，位置准确，标记明显。

②种植穴定点时应标明中心点位置，种植槽应标明边线。

③定点标志应标明树种名称（或代号）、规格。

④树木定点遇到障碍物时，应及时与设计单位取得联系，进行适当调整。

（3）种植穴、种植槽大小，应根据苗木根系、土球直径和土壤情况而定。种植穴、种植槽必须垂直下挖，上口下底相等（表2-1、表2-2）。

（4）种植穴、种植槽挖出的心土和表土分别置放处理，底部应回填适量好土。

（5）土壤干燥时应于种植前浸穴。

（6）挖种植穴、种植槽后，应施入腐熟的有机肥作为基肥。

表 2-1　常绿乔木类种植穴规格

单位：cm

树高	土球直径	种植穴深度	种植穴直径
150	40～50	50～60	80～90
150～250	70～80	80～90	100～110
250～400	80～100	90～110	120～130
400 以上	140 以上	120 以上	180 以上

表 2-2　落叶乔木类种植穴规格

单位：cm

胸径	种植穴深度	种植穴直径
2～3	30～40	40～60
3～4	40～50	60～70

（续）

胸径	种植穴深度	种植穴直径
4～5	50～60	70～80
5～6	60～70	80～90
6～8	70～80	90～100
8～10	80～90	100～110

2. 挖穴技术 按点挖坑，裸根苗坑穴的规格应较树根根盘直径大20cm；土球苗坑穴的规格应较土球直径加大40cm、深度放大20cm，坑底挖松、整平。如需要换土、施肥，应一并准备好，并施有机肥与回填土拌均匀，栽植时施入坑内。如图2-1、图2-2所示。

图2-1 种植穴

图2-2 机械挖种植穴

（机械信息网.2014）

四、苗木种植方法与栽后成活管理技术

1. 苗木种植 将带土球苗木放入种植穴或种植槽，放稳后将麻绳从底部缓缓抽出，拆除包装物、填土（大树可立支柱将树身支稳）。每填土20～30cm时，要踏实一次，直至填平为止。操作时注意保护土球。如图2-3、图2-4所示。

图2-3 苗木栽植

图2-4 土球苗木栽植

2. 围堰 在树坑外缘用土培一道30cm高的土堰并用铁锹拍实。如图2-5所示。

3. 灌水 新植苗木在当天浇透第一遍水，栽植后连灌三次水，四周均匀浇灌，防止填土不匀，造成树身倾斜，第三次灌水后进行培土封堰，以后酌情再灌。以后根据当地土壤情

图 2-5 围　堰

况及时补水。黏性土壤，宜适量浇水，根系不发达树种，浇水量宜较多。苗木种植区遇干旱地段或干旱天气时，应增加浇水次数，干热风季节，对新芽放叶的树冠喷雾，宜在 10：00 前和 15：00 后进行。浇水时应防止因水流过急冲刷裸露根系或冲毁围堰，造成跑漏水。浇水后出现土壤沉陷，致使树木倾斜时，应及时补正、培土。浇水渗下后，应及时用围堰土封树穴。

五、人员材料及设备配置

每小组准备锄头、顿铲、铁锨、枝剪、手锯等工具，以小组为单位（每小组 6 人），完成 1～2 个种植穴挖掘、苗木种植及栽后管理工作。

任务实施

本任务按照下列步骤进行。

（1）依据本任务【任务准备】中一、二、三、四，每个同学认真填写实施计划表。

（2）分小组讨论。小组召集人将本小组讨论的最合理的工作内容及注意事项填写在教师发放的空白表格中。

（3）各小组召集人上讲台讲述本小组的实施计划表，其他组同学进行质疑、点评并补充。教师进行总评，并根据各组汇报情况，归纳出供全班实施的计划表。

一、乔木栽植（表 2-3）

表 2-3　乔木栽植工作计划表

工作程序	工作内容	计划表评价		施工中的注意事项
		自评	组评	
组内分工				
工作设备及数目				
工作材料及数目				

（续）

工作程序		工作内容	计划表评价		施工中的注意事项
			自评	组评	
工作步骤	1. 处理微地形				
	2. 检查土质，确定土壤改良方案				
	3. 挖种植穴				
	4. 施基肥				
	5. 植树、培土、培垄				
	6. 浇水				
	7. 制订成活管理计划并实施				
栽植乔木成活率（%）				年　　月　　日检	

二、灌木栽植（表 2-4）

表 2-4　灌木栽植工作计划表

工作程序		工作内容	计划表评价		施工中的注意事项
			自评	组评	
	组内分工 工作设备及数目 工作材料及数目				
工作步骤	1. 处理微地形				
	2. 检查土质，确定土壤改良方案				
	3. 挖种植槽				
	4. 浇水				
	5. 施基肥				
	6. 植树、覆土、培垄				
	7. 制订成活管理计划并实施				
栽植灌木成活率（%）				年　　月　　日检	

任务 2　大树移植

知识目标

1. 了解大树在园林绿化工程建设中的地位和作用。

2. 掌握大树移植主要环节的技术措施。

3. 掌握大树移植后的养护管理措施。

4. 熟悉大树移植技术档案的内容及意义。

技能目标

1. 能根据当地的气候及地域特点，采用适宜的大树移植技术措施。

2. 大树移植后，能采用合理的栽后管理与养护措施。

3. 通过学生动手实践，培养学生团队合作的能力，树立学生吃苦耐劳的精神。

一、大树移植前的准备工作

在城市绿化建设中，有时为了在最短的时间内改善环境景观，体现城市绿地、街道、庭院空间等的绿化、美化效果及尽早发挥园林的综合功能，在条件允许的情况下，栽植树木时往往会考虑移栽大树。此外，根据园林绿化政策法规，为了保护建设用地范围内的一些大树、古树，也需要进行大树的移植。因此，大树移植施工是绿地栽植施工的一项重要工程。如图 2-6 所示。

图 2-6　南宁市名树博览园

大树是相对而言的，一般指胸径在 10cm 以上，高度在 4m 以上的大乔木，树种不同，规格可有所差异。

大树由于根深、干高、冠大，因此水分蒸发量较大，且不同类别、品种的树木，移栽难易程度不同（表 2-5），给移植工作带来了很大困难。为了保证大树移植后的成活率，在大树移植时必须采取科学的方法，遵守一定的技术规程，保证施工质量。

表 2-5　常见树种的大树移栽成活难易程度

成活率情况	树种名称
成活率最高	银杏、小叶榕、苏铁、罗汉松、紫薇、黄葛树、柳树、法桐、梧桐、楝树、李树、榆树、白玉兰、朴树、梅花、桃树、杏树、槐树、芙蓉树、刺槐
较易成活	雪松、黄杨、木槿、紫荆、枫树、女贞、羊蹄甲、水晶蒲桃、石榴、广玉兰、重阳木、桂花、棕榈、假槟榔、鱼尾葵、蓝花楹、蒲葵、合欢、五针松
不容易成活	栗树、侧柏、油松、云杉、柳杉、水杉、枇杷、喜树、香樟、圆柏、龙柏
最难成活	落叶松、华山松、马尾松、金钱松、冷杉、楠木、紫杉、珙桐、核桃

（一）大树移植时间

大树移植如果方法得当，严格执行技术操作规程，能保证施工质量，则一年四季均可进行。但因树种和地域不同，最佳移植时间也有所差异。作为施工技术人员，应根据工程进度，结合当地气候条件，做好移植准备工作。

（1）春季移植。最佳移植时间是早春，当土壤开始解冻但树液尚未开始流动时立即进行。应根据苗木发芽的早晚，合理安排移植顺序。落叶树早移，常绿树后移。南方（喜温暖）的树种（如柿树、香樟、乌桕、喜树、枫杨、重阳木等）应在芽开始萌动前移植，才易成活。

（2）秋季移植。在树木地上部分生长缓慢或停止生长后，即落叶树开始落叶、常绿树生长高峰过后至土壤封冻前进行。北方冬季寒冷的地区，秋季移植宜早一些。

（3）雨季移植。南方在梅雨初期，北方在雨季刚开始时，适宜移植常绿树及萌芽力较强的树种。此时雨水多、空气湿度大，大树移植后蒸腾量小，根系生长迅速，易于成活。

（4）非适宜季节移植。因有特殊需要的临时任务或其他工程的影响，不能在适宜季节移植时，可按照不同类别树种采取不同措施。对于常绿树种应选择春梢已停，2次梢未发的树种；起苗时应带比正常情况较大的土球；对树冠进行疏剪或摘掉部分叶片，做到随掘、随运、随栽；及时多次灌水，叶面经常喷水，晴热天气应遮阳，大风低温天气应注意防风保暖，如图2-7所示；栽后可灌A.B.T.-3生根液以利于促发新根。当气温低于−15℃时，不宜进行大树移植。

若不按时令进行大树移植，则必须采取复杂的措施，费用较高，应尽量避免。

图2-7　对大树进行防风保温措施

（二）大树预掘

1. 大树预掘的方法　从树木生命周期变化规律可知，大树的根系正处在离心生长趋向或已达到最大根幅时，骨干根基部的吸收根多离心死亡，因此吸收根主要分布在树冠投影附近。由于起运条件的限制，土球体量不可能过大，这样移植时土球能带走的吸收根很少，使得水分代谢严重失调；同时为了保持树形的美观和一定的冠幅，一般不进行重剪，这样树木的水分蒸腾依然很大，这种水分供需矛盾是导致大树移植难以成活的主要原因。为了解决矛盾，提高大树移植成活率，必须采取措施促进吸收根的生成，并在可起运的条件下，使土球尽量多带走吸收根。促进吸收根生成的方法有多次移植法、预先断根法和根部环状剥皮法，常用预先断根法。

预先断根法（回根法）适用于一些野生大树或一些具有较高观赏价值的树木的移植。一般是在移植前1～3年的春季或秋季，以树干为中心，2.5～3倍胸径为半径或较小于移植时土球尺寸为半径画圆或正方形，在相对的两面向外挖30～40cm宽的沟，沟的深度则视根系分布而定，一般为50～80cm，每年只断全周的1/3～1/2，如图2-8所示。对较粗的根应用锋利的锯或剪，齐平内壁切断，然后用沃土（最好是沙壤土或壤土）将沟填平，分层踩实，定期浇水，这样便会在沟中长出许多须根。到第二年的春季或秋季再以同样的方法挖掘另外相对的两面。到第三年时，在四周沟中均长满了须根，这时便可将树移走。挖掘时应从沟的外缘开挖，断根的时间可依各地气候条件而有所不同。

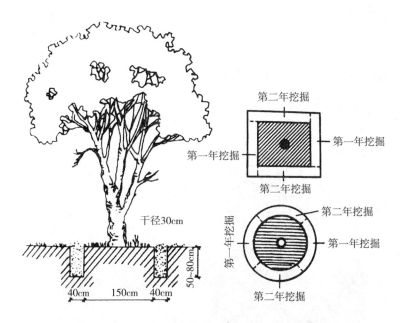

图 2-8 大树断根法

（陈科东．2002．园林工程施工与管理）

在园林施工中，由于工期的要求，对一些正处青壮期，生长情况良好，移植易成活的树种，可提前2～3个月断根，断根后用园林生根粉浸泡2～3min，然后立即填土浇水。保证树木在移植时，能够带走大量的吸收根。对于在非适宜季节移植的大树，可提前在树冠上喷施大树蒸腾抑制剂，以降低因为移植造成的水分供需矛盾。

2. 大树的修剪 栽植前修剪的目的，主要是为了提高移植成活率和增减树形。修剪枝叶是修剪的主要方式，在剪去病枯枝、过密交叉枝、徒长枝、干扰枝后，连枝带叶剪树冠的1/3～1/2，以大大减少全树的水分蒸腾总量。修剪量与移植季节、根系情况有关，如图2-9所示。

3. 编号与定向

（1）编号。当移栽成批的大树时，为使施工有计划地顺利进行，可将栽植坑及要移栽的大树编上对应的号码，使移栽时可对号入座，以减少现场混乱及事故。

（2）定向。在树干上标出南北方向，使大树在移植时仍能保持按原方位栽下，以满足它对庇荫及阳光的要求。

4. 立支柱与捆扎　为了防止在挖掘时，由于树身不稳发生倒伏引起工伤事故及损坏树木，在挖掘前应对需移植的大树立支柱进行支撑。方法为：一般是用 3 根直径 15cm 以上的大戗木，分立在树冠分枝点下方，然后再用粗绳将 3 根戗木和树干一起捆紧。

5. 工具材料的准备　大树移植采用的包装方法各不相同，所需的工具和材料也不尽相同，应按要求准备。

图 2-9　修剪枝叶
（www.jmnews.com.cn）

6. 运输准备　由于大树移植所带土球较大，人力装卸十分困难，一般应配备吊车。同时应事先查看运输路线，对低矮的架空线路应采取临时措施，防止事故发生。对需要进行病虫害检疫的树种，应事先办理检疫证明，取得通行证。

特别提示

（1）移植的大树应在移植的 1～2 年前进行切根处理，大树应有新梢、新芽，长势好，根系分布较浅，并且有新根长出。

（2）移植应在最适合移植该树种的时间进行。

（3）在移植大树的选择上尽量选择苗圃培育的、经过多次移植成活的"熟苗"，尽量不要选择没有经过移植或者在农村山区散生的"生苗"。

二、大树移植的方法

大树移植起苗和根盘包装的操作要领与一般苗木移栽起苗的操作要领大致相同，但操作更为复杂，技术要求更高。当前常用方法主要有以下几种。

（1）软材包装移植法：适用于挖掘圆形土球，树木胸径 10～15cm 或胸径稍大一些的乔木。

（2）木箱包装移植法：适用于挖掘方形土台，树木的胸径 15～25cm 的乔木。

（3）机械移植法：在国内外已经生产出专门移植大树的移植机，适宜移植胸径 25cm 以下的乔木。

（4）冻土移植法：是利用冻土期挖掘冻土球移植的一种适于北方寒冷地区的方法。此法可以免去包装材料，降低施工成本。

（一）软材包装移植法

1. 掘苗

（1）土球规格。土球大小依据树木的胸径来确定。一般来说，土球直径为树木胸径的7～10倍，具体规格见表2-6（北京地区）。土球过大，容易散球且会增加运输困难；土球过小，又会伤害过多的根系，影响树木成活。

表2-6　大树土球规格表

树木胸径（cm）	土球规格	
	土球直径（cm）	土球高度（cm）
10～12	胸径8～10倍	60～70
13～15	胸径7～10倍	70～80
16～18	胸径7～10倍	80～90
19～20	胸径6～10倍	85～95
21以上	胸径6～10倍	95以上

（2）支撑。为了保证操作人员的安全，挖掘前应对树木进行支撑。一般采用木杆或竹竿于树干下部1/3处支撑，要绑扎牢固。

（3）拢冠。遇有分枝点的树木，为了操作方便，应于挖掘前用草绳将树冠下部围拢，其松紧程度以不损伤树枝为度。

（4）画线。以树干为中心，按比规定的土球大3～5cm划一圆并撒白灰，作为挖掘的界限。

（5）挖掘。沿灰线外线挖沟，沟宽60～80cm，沟深为土球的高度。

（6）修坨。挖掘到规定深度后，用铁锹修整土球表面，使上大下小（下部修一小平底，直径为土球直径的1/3），肩部圆滑，呈苹果形。如遇粗根，应以手锯锯断，不得用铁锹硬铲而造成散坨。

（7）缠腰绳。修好后的土球应及时用草绳（预先浸湿润）将土球腰部系紧，称为"缠腰绳"。操作时，一人缠绕草绳，另一人用石块拍打草绳使其略嵌入土球为度。草绳每圈要靠紧，宽度为20cm左右，如图2-10所示。

（8）开底沟。缠好腰绳后，沿土球底部向内刨挖一圈底沟，宽度为5～6cm，便于打包时兜底，防止松脱。

（9）打包。用蒲包、草袋片、塑料布、草绳等材料，将土球包装起来称为"打包"。打包是掘苗的重要工序，其质量好坏直接影响大树移植的成活率，必须认真操作。操作方法如下。

①首先，用蒲包或蒲包片将土球包严，并用草绳将腰部捆好，以防蒲包脱落。

图2-10　给土球缠腰绳
(bbs. co188.com)

②其次，打花箍。即将双股草绳一头拴在树干上，然后将草绳绕过土球底部，顺序拉紧捆牢，草绳的间隔在 8～10cm，土质不好的，还可以密些。花箍打好后，在土球外面结成网状。

③最后，再在土球的腰部密捆 10 道左右的草绳，并在腰箍上打成花扣，以免草绳脱落，如图 2-11 所示。

土球打好后，将树推倒，用蒲包将底堵严，用草绳捆好，土球的包装就完成了。在我国南方，一般土质较黏重，故在包装土球时，往往省去蒲包或蒲包片，而直接用草绳包装，如图 2-12 所示，常用的有橘子包（其包装方法大体如前）、井字包和五角包。近年在施工中，为提高工作效率，常有利用钢丝网代替草绳包装的情况，如图 2-13 所示，即用两片钢丝网将土球围拢，钢丝网结合处用钢丝连接缝合。

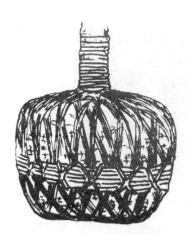

图 2-11　土球腰箍打上花扣

（陈科东 . 2002. 园林工程施工与管理）

图 2-12　包装好的土球

（bbs. co188. com）

图 2-13　用钢丝网代替草绳包装的土球

2. 吊装运输

（1）准备工作：备好吊车（或汽车起重机）、货运汽车。准备捆吊土球的长粗绳，要求具有一定的强度和柔软性；准备隔垫用的木板、蒲包、草袋及拢冠用的草绳。

（2）吊装前，先将双股绳的一头留出1m多长的结扣固定，再将双股绳分开，在土球的由上向下3/5的位置上绑紧，然后将大绳的两头扣在吊钩上（或用钢丝绳将钢丝网串起一端，吊在吊钩上），在绳与土球接触处用木块垫起。

轻轻起吊后，再用脖绳套在树干下部，也扣在吊钩上即可起吊。随即开动起重机，就可将树木吊起装车，如图2-14所示。

图 2-14　土球的吊装
（bbs.co188.com）

（3）装车时应土球朝前（即驾驶室方向），树梢向后，顺卧在车厢内，将土球垫稳并用粗绳将土球与车身捆牢，防止土球晃动。

（4）树冠较大时，可用细绳拢冠，绳下塞垫蒲包、草袋等物，防止磨伤枝叶。

（5）装运过程中，押运员应站在车厢尾，一方面检查运输途中土球绑扎是否松动、树冠是否扫地、左右是否影响其他车辆及行人，另一方面要手持长竿，不时挑开横架空线，以免发生危险。要特别注意保护主干式树木的顶枝不遭受损伤。

3. 卸车

（1）卸车也应使用吊车，起吊用的钢丝和粗绳与装车时相同。土球吊起后，立即将车开走。

（2）对卸车后不能直接放入种植穴内栽植的大树，应将树木直立，支稳摆放，不可将树木斜放或平倒在地。

4. 定植

（1）挖穴：树坑的规格应大于土球的规格，一般坑径大于土球直径40cm，坑深大于土球高度20cm。遇土质不好时，应加大树坑规格并进行换土。穴内出现积水时，要及时排水。

（2）施底肥：需要施用底肥时，将腐熟的有机肥与土拌匀，放入坑底和土球周围（随栽随施）。

（3）入穴：大树轻轻地斜吊放置入种植穴内，以人工配合机械，将树干立起扶正，初步支撑。树木立起后，要仔细审视树形和环境的关系，转动和调整树冠的方向，使树姿和周围环境相配合，并应尽量地符合原来的朝向，如图2-15所示。

（4）支撑：树木直立平稳后，立即进行支撑，如图2-16所示。为了保护树干不受磨伤，应预先在支撑部位用草绳将树干缠绕一层，并用草绳将支柱与树干捆绑牢固，严防松动。

图2-15　调整树的朝向　　　　　　　　　　　图2-16　大树支撑

（club. 1688. com）

（5）拆包：将包装草绳剪断，尽量取出包装物。

（6）还土、埋设根部透气管：放入土球后，分层填土、分层筑实（每层厚20cm），操作时不得损伤土球。对于干旱地区或地势较高处的种植，可在回填土时将KD-1型保水剂100～150g埋于土球四周。还土同时埋设根部透气管（直径10cm的PVC透气管）3～5根，竖向放置于树根土球旁，如图2-17所示，以改善植物根部的透气性，兼用于输送肥水和防治病虫害。透气管长度以高出土球5cm为宜，管内填满珍珠岩或细沙，上口用薄的无纺布封堵。

（7）筑土堰：在坑外缘筑一圈高30cm的灌水堰，用锹拍实，以备灌水。

（8）灌水：大树栽后应及时灌水，第一次灌水量不宜过大，主要起沉实土壤的作用，第二次水量要足，第三次灌水后即可封堰。

（二）木箱包装移植法

树木胸径超过15cm，土球直径超过1.3m以上的大树，由于土球体积、重量较大，如用软材包装移植，较难保证安全吊运，宜采用木箱包装移植法。其土台规格可达2.2m×2.2m×0.8m，土方量为3.2m³。在北京曾成功地移植过个别的桧柏，其土台规格达到3m×3m×1m，桧柏移植后，生长良好。

1. 移植前的准备　移植前首先要准备好须用的全部工具、材料、机械和运输车辆，并由专人负责管理。掘苗4人一组，一组掘一株。

2. 掘苗

（1）土台规格：掘苗前应将树干四周地表的浮土铲除，然后根据树木的大小决定挖掘土台的规格，一般可按树木胸径的7～10倍作为土台的规格。具体见表2-7。

图 2-17　埋设根部透气管

表 2-7　树木胸径与土台规格

树木胸径/cm	15～18	18～24	25～27	28～30
木箱规格 （边长×边长×高）	1.5m×1.5m×0.6m	1.8m×1.8m×0.70m	2.0m×2.0m×0.70m	2.2m×2.2m×0.80m

（2）挖土台。

①画线：包装移植前，以树干为中心，以比规定的土台尺寸大 10cm，画一正方形作土台的雏形。

②挖沟：从土台往外开沟挖掘，沟宽 60～80cm，以便于人下沟操作。

③修土台：挖到土台需要的深度后，将四壁修理平整，使土台每边较箱板长 5cm，以便续紧后使箱板与土台靠紧。土台应呈上宽下窄的倒梯形，与边板形状一致，如图 2-18 所示。修整时，注意使土台侧壁中间略凸出，以使上完箱板后，箱板能紧贴土台。如遇粗根应用手锯锯断，并使锯口稍陷入土台表面，不可外凸。

（3）装箱板。

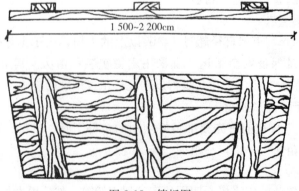

1 500~2 200cm

图 2-18　箱板图

（陈科东 . 2002. 园林工程施工与管理）

①立边板：安装箱板时先将边板沿土台的四壁放好，如图 2-19 所示，使每块边板中心对准树干，箱板上边略低于土台 1～2cm 作为吊运时下沉的余量。在安放箱板时，两块箱板的端部应沿土台四角略为退回，如图 2-20 所示，露出土台一部分，再用蒲包片将土台包好，两头压在箱板下，然后在木箱的上下套好两道钢丝绳。

图 2-19　立边板

(bbs.co188.com)

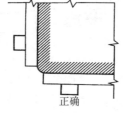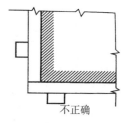

图 2-20　箱板端部的安装位置

（陈科东.2002.园林工程施工与管理）

②上紧线器：在每根钢丝绳子的两头装好紧线器，两个紧线器要装在两个相反方向的箱板中央带上，如图 2-21 所示，且在收紧时，必须两边同时进行，以便收紧时受力均匀。收紧到一定程度时，可用木棍锤打钢丝绳，如发出嘣嘣的弦音表示已经收紧，即可停止。

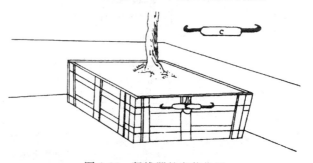

图 2-21　紧线器的安装位置

（陈科东.2002.园林工程施工与管理）

③钉箱：箱板被收紧后即可在四角钉上铁皮（铁腰子）8～10 道。每条铁皮上至少要有两对铁钉钉在带板上。钉子稍向外侧倾斜，以增加拉力，如图 2-22 所示。四角铁皮钉完后用小锤敲击铁皮，发出当当的弦音时已示铁皮紧固，即可松开紧线器，取下钢丝绳。

（4）掏底与上底板。用小板镐和小平铲将箱底土台大部掏空，称为"掏底"，以便于钉

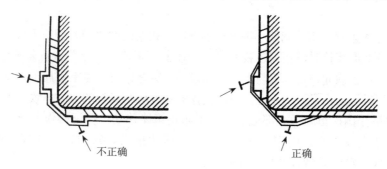

图 2-22　铁皮的钉牢

（陈科东.2002.园林工程施工与管理）

封底板，如图 2-23 所示。其操作过程如图 2-24 所示。

图 2-23　掏底作业

（陈科东 . 2002. 园林工程施工与管理）

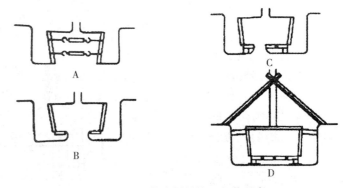

图 2-24　用木板包装大树的挖、包装程序

A. 挖好四壁，用钢丝绳、紧线器勒紧四块箱板　B. 钉好箱板，掏挖底部两侧，装好两侧底板

C. 用短桩撑好底部四角，掏挖底部中间　D. 装好全部底板和盖板，用短桩和支柱撑好待运

（编委会 . 2014. 看图快速学习园林工程施工技术）

　　①掏底前，沿木箱四周继续将边沟下挖 30～40cm，以便掏底。同时，用 3 根木杆（竹竿）支撑树干并绑牢，保证树木直立。

　　②按量准备底板：根据木箱底口的宽度作为底板的长度锯取，并在每块底板两头钉好铁皮。

　　③掏底应分次进行，用特制的小板镐和小平铲在相对的两边同时掏挖土台的下部。当掏挖的宽度与底板的宽度相符时，在两边装上底板。在上底板前，应预先顶在箱板上，垫好木墩，另一头用油压千斤顶顶起，使底板与上台底部紧贴。钉好铁皮，撤下千斤顶，支好木墩。两边底板钉好后即可继续向内掏底。要注意每次掏挖的宽度应与底板的宽度一致，不可多掏。

　　④支撑木箱在掏挖箱底中心部位前，为了防止箱体移动，保证操作人员安全，将箱板的上部分别用横木支撑，使其固定。支撑时，先于坑边挖穴，穴内置入垫板，将横木一端支垫，另一端顶住木箱中间带板并用钉子钉牢。

　　⑤在上底板前如发现底土有脱落或松动，要用蒲包等物填塞好后再装底板。底板之间的距离一般为 10～15cm，如土质疏松，可适当加密。

（5）上盖板。于木箱上口钉木板拉结，称为"上盖板"。上盖板前，将土台上表面修成中间稍高于四周（若表层有缺土的地方，要用湿润的好土填实整平），并于土台表面铺一层蒲包片。上板一般 2～4 块，其方向应与底板成垂直交叉，如需多次吊运，上板应钉成井字形。木箱包装法如图 2-25 所示。

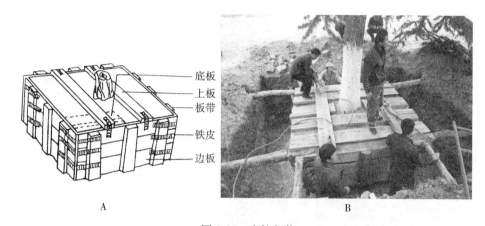

底板
上板
板带
铁皮
边板

A   B

图 2-25 木箱包装

A. 示意图（陈科东 . 2002. 园林工程施工与管理）   B. 实景照片（bbs. co188. com）

3. 装卸运输 木箱包装移植大树，因其重量较大（单株树木的质量超过 2t，含土台质量），需要用起重机吊装，用大型汽车运输。

（1）吊装。目前我国吊装常用的是汽车起重机。其优点是机动灵活，行驶速度快，操作简捷。

①吊装前，用草绳捆拢树冠，以减少损伤。

②用两根 7.5～10mm 的钢丝绳将木箱两头围起，钢索放在距木板顶端 20～30cm 的地方（约为木板长度的 1/5），把 4 个绳头结在一起，挂在起重机的吊钩上，并在吊钩和树干之间系一根绳索，使树木不致被拉倒，如图 2-26 所示。

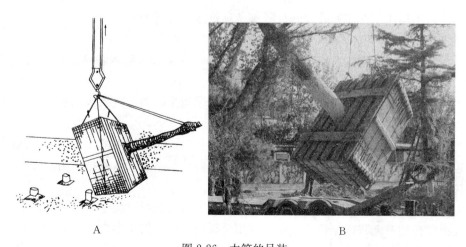

A   B

图 2-26 木箱的吊装

A. 示意图（陈科东 . 2002. 园林工程施工与管理）   B. 实景照片（bbs. co188. com）

③同时，在树干上系1～2根绳索，以便在起运时用人力来控制树木的位置，不损伤树冠，有利于起重机工作。

④在树干上束绳索处，必须垫上柔软的材料，以免损伤树皮，如图2-27所示。

（2）运输。通常一辆汽车只装一株大树。具体操作方法见本任务的"软材料包装移植法——大树的吊装运输"。

（3）卸车。

①卸木箱树木时，木箱应呈倾斜状，落地前在地面上横放一根40cm×40cm大方木，使木箱落地时作为枕木。木箱落地时要轻缓，以免振松土台。

②应在木箱落地处按80～100cm的间距放两根规格为10cm×10cm，长度稍比木箱宽一点的方木，将木箱放于方木上，以便栽植时穿捆钢丝绳搬动木箱，如图2-28所示。

图2-27　树干与绳索之间增加垫板

图2-28　卸车垫木方法
（陈科东.2002.园林工程施工与管理）

③其他技术操作见本任务的"软材料包装移植法——大树的卸车"。

4. 定植

（1）挖穴。用木箱移植大树，穴亦挖成正方形，且每边应比木箱宽50cm，深度大于木箱高20cm。遇土质不好时，应加大树坑规格并进行换土。

（2）施底肥。需要施用底肥时，将腐熟的有机肥与土拌匀，放入坑底和土球周围（随栽随施）。

（3）入穴。树木就位前，按原标记的南北方向找正，满足树木的生长需求。同时，拆除中心底板，如遇土质已松散，可不必拆除。大树轻轻地斜吊放置入种植穴内，以人工配合机械，将树干立起扶正，如图2-29所示。

（4）支撑。树木直立平稳后，抽出钢丝绳，立即进行支撑。为了保护树干不受磨伤，应预先在支撑部位用草绳将树干缠绕一层，并用草绳将支柱与树干捆绑牢固，严防松动。

（5）拆除木箱的上板及覆盖物。填土至坑深的1/3时，拆除四周边板，以防塌坨。

（6）还土。分层填土分层筑实（每层厚20cm），操作时不得损伤土球。相关技术见本任

图 2-29　大树入坑（穴）法
（陈科东 . 2002. 园林工程施工与管理）

务的"软材料包装移植法—定植"。

（7）筑土堰及灌水。大树栽植应筑双层灌水堰（外层土堰筑在树坑外缘，内层土堰筑在土台四周），并按要求浇好三次定根水。

（三）机械移植法

近年来国内正在发展一种新型的植树机械，名为树木移植机，又名树铲。主要用来移植带土球的树木，可以连续完成挖栽植坑、起树、运输、栽植等全部移植作业，如图 2-30 所示。

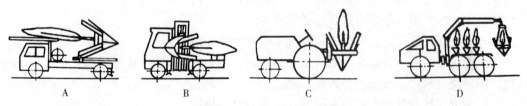

图 2-30　树木移植机的类型
A. 车栽式　B. 特殊车栽式　C. 拖拉机悬挂式　D. 自装式

（李小龙 . 2004. 园林绿地施工与养护）

1. 树木移植机工作原理　铲树机构是树木移植机的主要装置，也是其特征所在，它有切出土球和在运移中作为土球的容器以保护土球的作用。树铲能沿铲轨上下移动，当树铲沿铲轨下到底时，铲片曲面正好能包容出一个曲面圆锥体，这也就是土球的形状。起树时通过升降机构导轨将树铲放下，打开树铲框架，将树围合在框架中心，锁紧和调整框架以调节土球直径的大小和压住土球，使土球不至于在运输和栽植过程中松散。切土动作完成后，把树铲机构连同它所包容的土球和树一起往上提升，即完成了起树动作，如图 2-31 所示。

倾斜机构使门架在把树木提升到一定高度后能倾斜在车架上，以便于运输。

2. 树木移植机的优点

（1）生产率高，一般能比人工效率提高 5～6 倍以上，且成本可下降 50% 以上，树木径级越大效果越显著。

（2）成活率高，几乎可达100％。

（3）可适当延长移植的作业季节，不仅春季而且夏天雨季和秋季移植时成活率也很高，即使冬季在南方也能移植。

（4）能适应城市复杂的土壤条件，在石块、瓦砾较多的地方也能作业。

（5）减轻了工人的劳动强度，提高了作业的安全性。

3. 目前我国主要发展的移植机种类

（1）能挖土球直径160cm的大型机，一般用于城市园林部门移植径级16～20cm以下的大树。

（2）挖土球直径100cm的中型机，主要用于移植径级10～12cm以下的树木，可用于城市园林部门、果园、苗圃等处。

图2-31　树木移植机起苗
（www.w312.com）

（3）能挖60cm土球的小型机，主要用于苗圃、果园、林场、橡胶园等移植径级6cm左右的大苗。

特别提示

（1）大树挖掘后应及时装吊，运输、吊运时，应有树干保护措施。

（2）大树的土球或根系应符合标准和要求。

（3）栽植前要检查，应根据工程要求采取各种特殊措施。

（4）大树栽植前不得破坏土球（土台），定位后，填入土壤，逐层捣实，填土略高于球面，围堰浇足水，检查坑内是否有空隙。

（5）南方地区及低洼处移植大树时，应适当抛高种植。

（6）移植后宜采用牢固支撑，培土下沉要加土，注意树根不可架空。

三、大树移植成活管理

俗话说："树木长得好，三分在种，七分在管。"由于移植的大树打破了原有地上、地下的生理平衡，采取得当的管护措施是移植树木成活和健壮生长的重要保证，尤其是栽后前两年更应比其他树木加大养护管理力度。

（一）支撑树干

大树移植后必须进行树体固定，既可防止风吹树倒伤及行人，同时又可固定根系，有利于根系生长。树体固定可采用三柱支架或四角支撑，确保大树稳固。一般一年之后大树根系基本恢复，方可撤除支撑物，如图2-32所示。

（二）水肥管理

1. 水分管理　合理浇水是保障移植大树成活的一个非常重要环节。大树移植后立即浇第一次水，保证树根与土壤紧密结合，2～3d后浇第二次水，一周后浇第三次水，注意这三次水要浇足浇透，以后根据土壤墒情变化及时浇水。干旱地区，灌两次透水后，及时用地膜覆盖树穴，以减少根部水分蒸发。对发根较困难的树种，可结合浇水加入 200mg/L 的萘乙酸或 A.B.T. 生根粉，促进根系快速发育。

　　夏季要多对地面和树冠喷水，增加环境湿度，减少叶面水分散失。当空气干燥时，可对树干进行包裹，同时对树体、树干包扎物早晚各喷雾一次以增加树体湿度；在干旱季节可向树冠喷施蒸腾抑制剂，降低蒸腾强度。

　　2. 营养管理　移植后第一个秋季，应追施一次速效肥，第二年早春和秋季也应至少施肥 2～3 次，以提高树体营养水平。

　　给大树输液，通过输导组织直接将营养注入树体（图 2-33），可迅速补充树木所需的各种营养成分，加快移栽大树根系伤口的愈合和再生，促进树木快速生根、发芽，从而减少出现成活率低，枝条干枯、死亡等现象。

图 2-32　支撑树干

A

B

图 2-33　给大树补充营养液

A. 常用营养液及导管（china. makepolo. com）　B. 具体的输液操作（cxnews. zjol. com. cn）

（三）光照、温度管理

　　夏季高温天气，用遮阳网对大树全冠进行遮阳，避免阳光直射和树皮灼伤。大风低温天气，用黑色或透明的聚乙烯薄膜对树体进行防风保温，如图 2-34 所示，以后视树木生长情况和季节变化，逐步去除覆盖物。

（四）修剪

大树移植后，原有的代谢平衡遭到破坏，主干从上到下的隐芽会不定期萌发，因此在生长季要及时抹芽，以减少养分消耗。原则上主干顶部1m以下的萌芽要全部抹除，每7~10d抹除一次。对于主干上保留的枝条，如果太多，可在5月下旬至6月上旬、8月下旬至9月上旬，分别进行一次疏枝，选留长势粗壮、方向好、均匀分布的新梢，既可改善冠内的通风透光条件，又可使养分集中供应给保留的枝条。冬季可根据树种特性和过冬需要进行整形修剪，培养理想的树形。

（五）病虫害防治

大树移植后，自身抵抗力下降，更容易遭受病虫危害，病虫害防治不利往往会导致大树移植失败。常见的病虫害有蚜虫危害杨、槐等树木的

图 2-34　用遮阳网对大树全冠进行遮阳
（www.cityphotos.cn）

新生嫩芽，造成新梢生长迟缓、畸形，严重的导致死亡；天牛幼虫、木蠹蛾幼虫等蛀干危害国槐、椿树等，造成树势严重衰弱，甚至死亡；另外，日灼容易造成新梢、树皮灼伤，降低大树抵抗力，为其他病虫害的发生创造条件。因此，大树移植后要注意观察，做好病虫害预防措施，发现病虫害要及时治理。

四、大树移植技术档案

大树移植应建立技术档案，内容包括树木编号、树种、规格（高度、分枝点、胸径、冠幅）、移植时间、树龄、生长状况、病虫害情况、树木所在地、拟移植的地点，施工记录、养护管理技术措施、验收资料等，如需要还可保留照片或录像。技术档案的建立应由专人负责。另外，大树移栽还要有相应的移栽记录表，移栽记录表应符合表2-8的规定。

表 2-8　大树移栽记录表

施工单位：　　　　　　　　　　　　　　　　　　　　　　　　　编号：

原栽地点	移栽地点	树种	规格	年龄（年）	移栽日期	参加施工人员
技术措施						

填表人：　　　　　　　　　　　　　　　　　　　　　　年　　月　　日填表

五、人员及材料、设备配置

（一）软材包装移植法所需的材料、工具和机械

大树移植前应准备好须用的全部工具、材料、机械和运输车辆，以胸径12cm的大树为例，移植所需材料、工具、机械车辆如表2-9所示。

表 2-9 软材包装移植法所需的材料、工具和机械

名　称	数量与规格	用　途	人　员
草绳	若干米，视土球大小而定	包装土球	
卷尺	1 把，3m 长	量土球	
木杆	3 根，长度为树高	支撑树木	
蒲包片	约 10 个	包装土球	现场指挥：
草袋片	约 10 个	包树干	园艺工程师 1 人
扎把绳	约 10 根	捆木杆、起吊牵引	七级以上绿化工 1 人
尖锹	3～4 把	挖沟	掘苗 4 人一组，1 株/组
平锹	2 把	削土球、掏底	吊车司机 1 人
尖镐	2 把，一头尖、一头平	刨土	货车司机 1 人
手锯	2 把	断树根	
吊车	1 台，起质量视土球大小而定	装、卸	
货车	1 台，车型、载质量视树木大小而定	运输树木	

（二）木箱包装移植法所需的材料、工具和机械

以挖掘上口 1.85m 见方、高 80cm 土块的大树为例，所需材料、工具、机械车辆如表
2-10 所示。

表 2-10 木箱包装移植法所需的材料、工具和机械

名　　称		数量与规格	用　途	人　员
木板	大号	上板长 2.0m、宽 0.2m、厚 3cm 底板长 1.75m、宽 0.3m、厚 5cm 边板上缘长 1.85m、下缘长 1.75m、厚 5cm 用 3 块带板（长 50m，宽 10～15cm）钉成高 0.8m 的木板，共 4 块	包装土台	
	小号	上板长 1.65m、宽 0.2m、厚 5cm 底板长 1.45m、宽 0.3m、厚 5cm 边板上缘长 1.5m、下缘长 1.4m、厚 5cm 用 3 块带板（长 50m，宽 10～15cm）钉成高 0.6m 的木板，共 4 块		
方木		10cm×（10～15）cm×15cm，长 1.5～2.0m，需 8 根	吊运时做垫木	现场指挥： 园艺工程师 1 人
木墩		10 个，直径 0.25～0.30m，高 0.3～0.35m	支撑箱底	七级以上绿化工 1 人
垫板		8 块，厚 3cm，长 0.2～0.25m，宽 0.15～0.2m	支撑横木、垫木墩	掘苗 4 人一组，1 株/组
支撑横木		4 根，10cm×15cm 方木，长 1.0m	支撑木箱侧面	吊车司机 1 人
木杆		3 根，长度为树高	支撑树木	货车司机 1 人
铁皮（铁腰子）		约 50 根，厚 0.1cm，宽 3cm，长 50～80cm；每根打孔 10 个，孔距 5～10cm，钉钉用	加固木箱	
铁钉		约 500 个，长 3～3.5 寸（10～11.67cm）	钉铁腰子	
蒲包片		约 10 个	包四角、填充上下板	
草袋片		约 10 个	包树干	
扎把绳		约 10 根	捆木杆、起吊牵引	
尖锹		3～4 把	挖沟	
平锹		2 把	削土台、掏底	
卷尺		1 把，3m 长	量土台	
小板镐		2 把	掏底	

（续）

名　称	数量与规格	用　途	人　员
紧线器	2个	收紧箱板	
钢丝绳	2根，粗0.4寸（1.33cm），每根长10～12m，附卡子4个	捆木箱	现场指挥：园艺工程师1人
尖镐	2把，一头尖、一头平	刨土	七级以上绿化工1人
斧子	2把	钉铁皮、砍树根	掘苗4人一组，1株/组
小铁棍	2根，直径0.6～0.8cm、长0.4m	拧紧线器	吊车司机1人
冲子、剁子	各1把	剁铁皮、铁皮打孔	货车司机1人
鹰嘴钳子	1把	调卡子	
千斤顶	1台，油压	上底板	
吊车	1台，起质量视土台大小而定	装、卸	
货车	1台，车型、载质量视树木大小而定	运输树木	

（三）机械移植法所需的材料、工具和机械

机械移植法主要是用树木移植机进行作业，其机械化程度高，工作效率高，能循环有序地进行起苗、运输、定植的整套系统工作，其所需的材料、工具和机械见表2-11。

表2-11　机械移植法所需的材料、工具和机械

名称	数量与规格	用途	人员
树木移植机	1台，车型、载质量视树木大小而定	挖栽植坑、起树、运输、栽植	单人完成

任务实施

以下3个任务分别按照下列步骤进行。

（1）依据本任务的【任务准备】，每个同学认真填写工作计划表（表2-12至表2-14）中的"工作内容"。

（2）分小组讨论。小组召集人将本小组讨论的最合理的工作内容填写在教师发放的空白表格中。小组召集人由本组组员轮流担任。每完成一个任务，小组召集人轮换一次。

（3）各小组召集人上讲台讲述本小组的"工作内容"计划，其他组同学进行质疑、点评并补充。教师进行总评，并根据各组汇报情况，归纳出供全班实施的"工作内容"计划。各组完成"工作内容"计划的"自评"与组评，分A（良好）、B（合格）、C（不合格）三档进行评价。

（4）根据教师总结归纳的工作计划表进行施工，30～60d（根据当地气候情况定）后检验乔木成活结果，得出大树移植成活率，即（成活株数/栽植株数）×100%。

一、大树移植准备工作

表2-12　大树移植准备工作计划表

组别：　　　　　　　　　　　　　　　　　　　　　　　　　　　　　　年　　月　　日

工作程序	工作内容	计划表评价		施工中的注意事项
		自评	组评	
组内分工				
工作设备及数目				

（续）

工作程序		工作内容	计划表评价		施工中的注意事项
			自评	组评	
工作 步骤	工作材料及数目				
	1. 根据移植时间，确定移植方案 2. 选树 3. 大树预掘 4. 修剪 5. 编号及定向 6. 运输				
	总体评价				

二、大树移植及养护工作

表 2-13　大树移植及养护工作计划表

组别：　　　　　　　　　　　　　　　　　　　　　　　　　　年　　月　　日

工作程序		工作内容	计划表评价		施工中的注意事项
			自评	组评	
	组内分工 工作设备及数目 工作材料及数目				
工作 步骤	1. 掘苗（土球、土台） 2. 包装（土球、土台） 3. 吊装 4. 运输 5. 卸车 6. 定植 7. 制订成活管理计划并实施				
	栽植大树成活率（％） 总体评价			年　　月　　日检	

三、建立大树移植档案

表 2-14　建立大树移植技术档案工作计划表

组别：　　　　　　　　　　　　　　　　　　　　　　　　　　年　　月　　日

工作程序		工作内容	计划表评价		施工中的注意事项
			自评	组评	
	组内分工 工作设备及数目 工作材料及数目				
工作 步骤	1. 树木基本情况调查 2. 观测移入地栽植土情况 3. 观测在移植过程中树体情况 4. 栽后管理调查				
	总体评价				

任务反思

对照【任务准备】中的"特别提示"及在施工中出现的问题，讨论并完成表 2-12 至表 2-14 中的"施工中的注意事项"。

任务小结

见图 2-35。

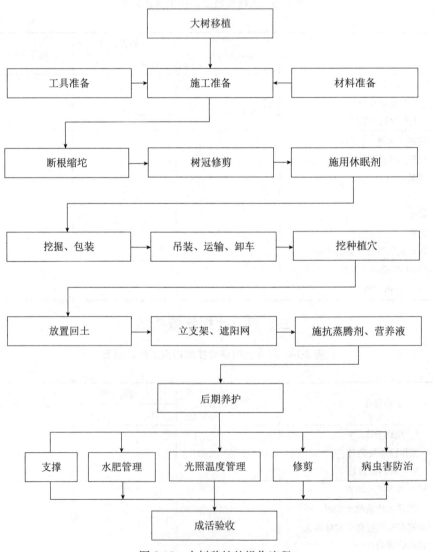

图 2-35 大树移植的操作流程

任务测试

一、名词解释

1. 大树预掘

2. 大树移植建档

二、判断题（正确的画"√"，错误的画"×"）

1. 苗木栽植应避开早晨、雨天。（　　）

2. 大树移植的最宜时间是早春、秋冬。（　　）

3. "大树"一般指干径在 10cm 以上、高度在 4m 以上的大乔木。（　　）

4. 移植植物枯死的最大原因是由于根部受损。（　　）

5. 挖掘到土球规定深度后，用铁锹修整土球表面，使上下大小一致，呈圆形。（　　）

6. 苗木运到现场不能及时栽植时，必须假植。（　　）

7. 在园林植物种植及养护中，通常遵循"七分栽种，三分养护"的原则。（　　）

8. 对卸车后不能直接放入种植穴内栽植的树木，应将其横卧放置在地。（　　）

三、选择题

1. 种植胸径 10cm 的大树，要求土球规格为直径____、深____。（　　）

　　A. 50cm　40cm　　B. 80cm　60cm　　C. 80cm　50cm　　D. 100cm　80cm

2. 土球修坨完成后，应马上进行的工序是（　　）。

　　A. 缠腰绳　　　　　B. 挖底沟　　　　　C. 包蒲包片　　　　　D. 打花箍

3. 吊运土球大树苗时，以下工序错误的是（　　）。

　　A. 土球吊装前，吊绳与土球接触处应用木块垫起

　　B. 装车时应树梢朝前（即驾驶室方向），土球向后，顺卧在车厢内

　　C. 土球垫稳并用粗绳将土球与车身捆牢，防止土球晃动

　　D. 装运过程中，押运员应站在车厢尾，手持长竿，不时挑开横架空线，以免发生危险

4. 用木箱移植大树，穴亦挖成正方形，且每边应比木箱宽____，深度大于木箱高____。（　　）

　　A. 50cm　50cm　　B. 20cm　20cm　　C. 40cm　20cm　　D. 50cm　20cm

四、综合分析题

1. 大树移植前应做哪些准备工作？

2. 大树移植存在哪些难点，应采取哪些相应措施？

3. 根据当时的移植条件，大树移植常采取哪些方法，大树移植和一般苗木移植有何区别？

任务链接

一、给大树输液

给大树输液能够促进移栽大树的成活。这种方法有利于移栽树木根系伤口的愈合和再

生，补充大树地上部分生长所需的养分，从而确保大树移栽成活的质量，现将大树输液的材料方法介绍如下。

1. 材料　输液瓶1个，输液管3个，兽医大号针头3个，营养生长素适量。

2. 判断树势，确定输液对象　判断大树生长不良是因缺乏何种营养引起的；然后对症下药。一般为促进移栽树的细胞再生，生长前期施用的是氮肥，生长后期施用的是磷、钾肥，必要时加一些微肥。

3. 配药　每500g清水加入药15～25g（这里指氮肥尿素），浓度视树的生长势而定（较旺的低些，反之高些）。将配好的氮肥置于水瓶中，使其充分溶解。

4. 操作方法　在树的根颈部位，将树干周围的老皮刮掉，以露出新皮为宜。然后在干周每隔120°找出一个方位点，共找出三个（要求干周光滑无损伤部位），将安装好的针头插入髓心层或形成层，再用胶布贴严插孔。把药瓶吊在高处，开始输液，每棵树输1瓶。

5. 效果　1～3周即可输完，1个月后树势将由弱逐渐变强，叶片由淡绿变至深绿而后吐出新梢。

6. 输液时间　树木生长期各个阶段均可进行，最好在根系生长期或大树生长不良时，如枝叶枯黄、卷曲、萎蔫，树势弱或不发条。切记要在症状表现的初期就进行输液。

用树体输液的方法配合大树移植后的养护管理，经生产实践证实，成活率接近100％。值得注意的是：该方法只是针对于树木缺乏营养的一种临时补救措施，不宜长期使用。大树移植的日常养护还是应采取常规性的栽培管理措施来进行，就如同人不能长期输葡萄糖而不吃饭一样。

二、判断移植大树是否成活

（1）移植后一段时间观察大树叶片是否变绿，是否恢复正常。

（2）观察大树皮层颜色是否有变化，水分是否饱满。

（3）观察大树木质部色泽是否新鲜，干枯是否皱缩或变褐坏死。

（4）在接近土球处刨出一个观察小口，观察根系是否坏死是否或发新根。

（5）吊袋输液不流液（树体无吸收能力）或流液很快（木质部干枯或树体空洞），说明大树未成活或生命力弱。

三、移植大树技术档案（表2-15）

表2-15　移植大树技术档案

养护单位（人）：　　　　　　　　　　　　　　　　　　　编号：

树木基本情况			
树种		学名	
树龄		胸径	
树高		移植时间	

（续）

<table>
<tr><td colspan="5" align="center">树木基本情况</td></tr>
<tr><td>栽植时间</td><td></td><td>原生长地点</td><td colspan="2"></td></tr>
<tr><td>移入时间</td><td></td><td>项目负责人</td><td colspan="2"></td></tr>
<tr><td align="center">序号</td><td align="center">调查内容</td><td align="center">调查方法</td><td colspan="2" align="center">结果记录</td></tr>
<tr><td align="center">1</td><td align="center">树穴栽植土含盐量、pH 等理化性质</td><td align="center">化验</td><td colspan="2"></td></tr>
<tr><td align="center">2</td><td align="center">种植穴规格</td><td align="center">测量</td><td colspan="2"></td></tr>
<tr><td align="center">3</td><td align="center">底肥种类及施入量</td><td align="center">观察</td><td colspan="2"></td></tr>
<tr><td align="center">4</td><td align="center">栽植土地厚度</td><td align="center">测量</td><td colspan="2"></td></tr>
<tr><td align="center">5</td><td align="center">栽植土壤质地</td><td align="center">观察</td><td colspan="2"></td></tr>
<tr><td align="center">6</td><td align="center">土台直径，是否散台</td><td align="center">观察、测量</td><td colspan="2"></td></tr>
<tr><td align="center">7</td><td align="center">有无病虫害</td><td align="center">观察</td><td colspan="2"></td></tr>
<tr><td align="center">8</td><td align="center">裸根乔木根幅大小</td><td align="center">测量</td><td colspan="2"></td></tr>
<tr><td align="center">9</td><td align="center">裸根苗运输是否采取保湿措施</td><td align="center">观察</td><td colspan="2"></td></tr>
<tr><td align="center">10</td><td align="center">大树装运有无伤枝、破皮</td><td align="center">观察</td><td colspan="2"></td></tr>
<tr><td align="center">11</td><td align="center">树木修剪强度及有无劈裂</td><td align="center">观察</td><td colspan="2"></td></tr>
<tr><td align="center">12</td><td align="center">定植后浇水时间及浇水量</td><td align="center">观察</td><td colspan="2"></td></tr>
<tr><td align="center">13</td><td align="center">支撑情况</td><td align="center">观察</td><td colspan="2"></td></tr>
</table>

四、考证指导

　　“大树移植”相关技术知识是中高级园林绿化工及施工员（园林工程方向）职业资格证考试内容中的重要组成部分。

　　其主要知识点如下。

　　（1）移植的大树应在 1～2 年前进行切根处理，大树应有新梢、新芽，且长势好，根系分布较浅，并有新根长出。

　　（2）移植应在最适合移植该树种的时间进行。

　　（3）大树挖掘后应及时装吊，运输、吊运时，应有树干保护措施。

　　（4）大树的土球或根系应符合标准和要求。

　　（5）栽植前要检查，应根据工程要求采取各种特殊措施。

　　（6）常绿树应修去断枝后绑扎，土球要扎腰箍，栽植时不得破坏土球（土台），填土略高于球面，围堰浇足水，检查坑内是否有空隙。

　　（7）南方地区及低洼处在移栽大树时应适当抛高种植。

（8）移植后宜采用牢固支撑措施，培土下沉要加土，注意树根不可架空。

其技能点有以下两点。

（1）能根据当地的气候及地域特点，选用适宜的大树移植技术措施。

（2）大树移植后，能采用合理的栽后管理与养护措施。

五、名词解释

（1）蒸腾抑制剂：是一种能在植物枝干及叶面表层形成超薄透光的保护膜，能有效抑制植物体内水分过度蒸腾的人工合成溶剂。

（2）熟苗：与生苗相对应，指由种苗到成品苗的生产过程中至少进行过一次移栽或进行过断根处理的苗木。

（3）生苗：指由种苗到成品苗的生产过程中，未进行过移栽或提前断根处理的苗木。

（4）生根液：是一种诱导植物快速生根，提高植物成活率的营养药剂。其中 A. B. T. -3 生根液对于常绿针叶树种及名贵的难生根树种的快速生根及成活率提高有明显效果。

（5）KD-1 型保水剂：是一种人工合成的具有超强吸水、保水和释水能力的高分子聚合物。施于土壤中能增强土壤保水性，控制土壤水分的蒸发，以满足植物的生长需要。

（6）根部透气管：方便对树木施肥和浇灌的装置，多为 PVC 管，插于树穴中。能有效改善树木根部的通气状况，为根系的健康生长提供最佳水气环境。

任务 3　花坛建植

任务目标

知识目标

1. 熟悉花坛图案放样的方法。

2. 掌握花坛植物栽植及摆设工程施工的程序步骤和施工技术要点。

3. 掌握花坛植物的养护管理及更换措施。

技能目标

1. 能根据花坛设计图，正确进行花坛图案放样。

2. 能采取适宜的技术进行花坛植物的栽植及摆设施工。

3. 激发学生的学习兴趣，引导学生观察生活，培养学生的观察动手能力，提高学生的科学素质。

2013 年国庆佳节，天安门首次以花果篮的形式布置国庆主花坛，如图 2-36 所示。花果篮中除牡丹等大型仿真花外，还有富有吉祥寓意的蟠桃、苹果、葡萄等水果点缀其中，花果篮底部衬托着由花草组成的祥云图案，并且其整体使用中国红和金色等代表中国的喜庆颜

色，这些都使花坛的中国传统文化韵味十足。花坛整体造型简洁、主题鲜明、气氛热烈喜庆，表现了对祖国繁荣富强、欣欣向荣的美好祝福，吸引了成千上万的游客在此拍照留念。

图 2-36　天安门国庆主花坛

传统花坛是指在具有一定几何形轮廓的种植床内，把花期相同或相近的多种花卉或不同颜色的同种花卉种植在一起并组成图案的种植形式，如图 2-37 所示。花坛中也常用雕塑小品、观赏石及其他艺术来进行造型点缀，种植床中常以播种或移栽成品、半成品花苗的方法来布置花坛，这些花卉种植在种植床的土壤基质中。传统花坛形式常见的有盛花花坛（又称花丛花坛）和模纹花坛（包括毛毡花坛、浮雕式花坛等）。

图 2-37　传统花坛

现代花坛是指利用盆栽观赏植物进行摆设或用各种形式的盆花组合组成华美图案和立体造景形式，如文字花坛、图案花坛、立体花篮、各种立意造型花坛等。因为现代工业技术给我们提供了各类花苗容器和先进的供水系统，如滴灌、渗灌、微喷，使得现代花坛可以脱离传统花坛（几何型花池）的种植表现手法，而用花卉容器来进行营造。

可以布置单个独立的花坛，也可将几个单个花坛组合在一起布置成花坛群，如图 2-38 所示。组成花坛群的个体花坛，可以是相同类型的，也可以有不同类型。

花坛建植施工应包括花坛种植床的整理、花坛图案的放样、花坛花卉栽植及摆设、花卉更换及养护等工序。

A   B

图 2-38　花坛的布置
A. 独立花坛　B. 花坛群

一、花坛的建植技术

常见的花坛形式有平（斜）面花坛和立体花坛两大类。

（一）平（斜）面花坛建植技术

1. 花坛种植床的整理　花坛植物植入花坛前，应先将花坛种植床内不利于花卉生长的建筑垃圾清除掉，然后进行填土、翻土作业。翻土时要边翻边清除土中的杂物。对土质太差的应进行换土，换入适合花卉生长的种植土。因为花坛中栽植的花卉都需要消耗大量的营养物质，因此花坛种植床内的土壤必须很肥沃。在给花坛填土前，最好先填入一层肥效较长的有机肥作为基肥，然后再填入种植土。

一般花坛（四周观赏的花坛）的中央部分填土应比四周边缘部分稍高（以提高观赏效果）；单面观赏的花坛，前面部分填土应比后面稍高。花坛土面应做成坡度为 5%～10% 的坡面。在花坛边缘地带，土面高度应填至边缘石顶面以下 2～3cm，以后经过自然沉降，土面一般会降到比边缘石顶面低 7～10cm 之处，这就是边缘土面的最合适高度。四周观赏的花坛内的土面一般要填成弧形面或浅锥形面，单面观赏的花坛的土面则要填成平坦土面或向前倾斜的直坡面。填土达到要求后，要把土面的土粒整细、耙平，以备种植花卉。

花坛种植床整理好之后，应在花坛中央重新打好中心桩，作为花坛图案放样的基准点。

2. 花坛图案的放样　花坛的图案、纹样，要按照设计图放大到花坛土面上。放样时，若要等分花坛表面，可从花坛中心桩牵出几条细线，分别拉到花坛边缘各处，用量角器确定各线之间的角度，然后就能够将花坛表面等分成若干份。以这些等分线为基准，就比较容易放出花坛面上对称、重复的图案纹样。有些比较细小的曲线图样，可先在硬纸板上放样，然后将硬纸板剪成图样的模板，再依照模板把图样画到花坛土面上。定点放线方法如下。

（1）规则式花坛的定点放线应按设计图纸的尺寸标出图案关系的基准点。直交线可直接用石灰或锯末撒画。圆弧线应先在地上画线，再用石灰或锯末沿线撒画。

（2）图案较为复杂的花坛定点放线应先用厚纸板按设计图纸放样成图案模型，然后用方格法摆准位置，再用石灰画线。

（3）图案较复杂的模纹花坛，定点放线时需用粗铁丝编好图案、轮廓模型，在花坛地面上压出线条痕迹，再撒上石灰线。

3. 花坛花卉的栽植

（1）花坛花卉的品质控制。

①花卉主干矮，具有粗壮的茎干；基部分枝强健，分蘖者必须有 3～4 个分叉；花蕾露色。

②花卉根系完好，生长旺盛，无根部病虫害。

③开花及时，用于绿地时能体现最佳效果。

④花卉植株的类型标准化，如花色、株高、开花期等具有一致性，如图 2-39 所示。

⑤植株应无病虫害和机械损伤。

⑥观赏期长，在绿地中的有效观赏期应保持在 45d 以上。

⑦花卉在运输过程中及运到种植地后必须有有效措施保证维持湿润状态。

图 2-39　色彩艳丽的花坛花卉

（2）平（斜）面花坛花卉栽植的顺序。花苗运到种植场所后，应立即种植，不宜放置很久才栽，以提高种植的成活率。花卉种植的顺序应符合下列规定。

①四周观赏的单个独立花坛，应由中心向外顺序种植。

②单面观赏的坡式花坛，应由上向下种植。

③高矮不同品种的花苗混植时，应按先高后矮的顺序种植。

④宿根（球根）花卉与一、二年生花卉混植时，应先种植宿根（球根）花卉，后种植一、二年生花卉。

⑤模纹花坛应先种植图案的轮廓线，后种植内部填充部分，如图 2-40 所示。在栽植同一个模纹的花坛时，若植株高矮稍有不齐，应以较矮的植株为准，对较高的植株则栽得深一些，以保持顶面齐平。

⑥大型花坛宜分区、分块种植。

利用容器苗花卉摆置花坛，比栽植容易，摆置顺序同栽植顺序。但必须考虑可行的供水方案。

（3）花坛花卉的栽植要求。

①施工人员必须经过技术培训，并具有相关知识与技术技能。

图 2-40　模纹花坛种植顺序

②应按花坛设计要求的地形、坡度进行整地，做到表土平整，保证排水良好。

③种植前几天，先将花坛灌水浸透，待花坛内土壤干湿合适后，再进行种植。

④种植时应仔细除去花盆及其他容器。必要时，适当疏松根系。

⑤必须根据花卉种类仔细调节种植株行距，花苗种植深度以其原生长在苗床、花盆或容器内的深度为准，严禁种植过深。规则式花坛，花卉植株间最好错开栽成梅花状（或三角形种植）。

⑥种植后应充分压实土壤，覆土要平整。

⑦种植后要立即浇一次透水，使花苗根系与土壤密切结合，第二天再浇一次透水。视天气情况，一周内加强水分管理，宜每天清晨浇水。

花坛花苗的株行距应据植株大小来定。植株小的，株行距可为 15cm×15cm，如图 2-41 所示；植株中等大小的，株行距可为 20cm×20cm～40cm×40cm；对较大的植株，则可采用 50cm×50cm 的株行距；五色苋及草坪类植物是覆盖型的植物，可不考虑株行距，密集铺种即可。

（二）立体花坛建植技术

立体花坛是指将草本植物或矮灌木种植在二维或三维构架上，形成艺术作品的一种植物造景技术。立体花坛作品因其丰富的造型、多彩的植物包装，外加可以随意搬动，被誉为"城市活雕塑""植物雕塑"，如图 2-42 所示。其不受场地制约，充分利用空间，观赏性强，构图变化多样，符合现代城市发展的需求和效率，符合节约资源的环保理念，文化内涵丰富，目前在国内得到了越来越广泛的应用。

1. 立体花坛结构　立体花坛常用钢材、木材、竹、砖或钢筋混凝土等制成结构框架，采用专用的花钵架、钢丝网等组成各种形式，如动物，花篮等的器物造型，然后再在其外缘暴露部分配置花卉草木。

立体花坛因体形高大，上部需放置大量花卉容器和介质荷载，所以对抗风能力的要求很高；同时立体花坛又常常设在人流密集的公共场所，因此必须高度重视结构安全。结构部分

图 2-41　根据植株大小而确定花苗株行距

图 2-42　被誉为"城市活雕塑"的立体花坛

必须经过专业人员设计，必要时还要对基础承载力进行测定。

2. 建植技术要求　立体花坛根据花卉固定在骨架上的方式，分为嵌盆式立体花坛和构架式立体花坛，如图 2-43 所示。如采用专用花钵格栅架（图 2-44），则外观统一整齐，摆放平衡安全，但一次性投资较大。格栅尺寸需根据摆入花体的大小决定。

立体花坛表面朝向多变，对于花卉种植有一定的局限。嵌盆式立体花坛中的花卉是固定的，有时需要将花苗带土用棕皮、麻布或其他透水材料包扎后，一一嵌入预留孔洞内固定，为了不使造型材料暴露，一般选用植株低矮密生的花卉品种并确保密度要求；栽植完成后，应检查表面花卉的均匀度，对高低不平、歪斜倒伏的要进行调整。构架式立体花坛常见的建植方法是在骨架处种植五色苋之类的草本植物，可在距离支架表面 15cm 处固定钢丝网，钢

A
B

图 2-43　立体花坛分类
A. 嵌盆式立体花坛　B. 构架式立体花坛

图 2-44　用花钵格栅架制作立体花坛

丝网外部再包上蒲包或遮阳网。同时，在支架和钢丝间填充轻质介质土（泥炭土：珍珠岩＝3：1）。然后在其上用种签扎孔种植，如图 2-45 所示。种植完成后还需对表面进行修剪造型。

3. 立体花坛摆设及栽植顺序　应用容器苗花卉摆设花坛相对要容易一些，如果容器大小不等、摆设的植物材料大小不一，甚至还有运用吊车起重的大规格桶装树时，相对的摆设及栽植顺序如下。

（1）应先摆放容器大的、苗大的植物，小的容器花卉插空、垫底摆放。

（2）一面观的花坛，先摆后面，后摆前面；两面以上观的，先摆中心后摆边沿。

（3）若采用穴盘苗栽植的，应从上往下栽植，以密植效果最好。

4. 立体花坛植物选取　制作立体花坛时选取的植物材料一般以小型草本花卉为主，依

图 2-45　构架式立体花坛的制作

据不同的设计方案也可选择一些小型的灌木与观赏草等。用于立面的植物要求叶形细巧、叶色鲜艳、耐修剪、适应性强。红绿草类是立体花坛中最理想的植物。经过反复实践，华南地区选用玉龙草、白苋草、红草、绿草、金叶景天、黄叶菊等草本植物最为合适；北京地区常选用四季海棠、非洲凤仙、彩叶草、矮牵牛、一品红、三色堇等植物。

立体花坛的基床四周应布置一些草本花卉或模纹式花坛。

二、花坛的养护管理

花坛建成后，要充分发挥其艺术性，保证其最佳观赏效果，除取决于前期的设计水平、花卉品种的选配及花坛施工的技术水平外，后期坚持规范化、高水平、高质量、长年不断的养护管理，也是保证花坛花卉生长健壮、开花繁茂、色彩艳丽、有效观赏期长的关键所在。

花坛养护管理的内容很多，主要的措施有灌溉浇水、施肥、中耕除草、修剪整理、补植、病虫害防治、花苗更换等。在实际工作当中，各地应根据需要养护的花坛的特点，抓好主要的养护措施。

1. 灌溉浇水　花坛中的花苗栽好后，在生长过程中需要不断浇水，以使花苗能健壮生长。浇水的时间、次数、灌水量等，应根据当地气候条件及季节变化灵活掌握。在有条件的地方还应经常进行叶面喷水，特别是模纹花坛、立体花坛。立体花坛应每天喷水，一般情况下每天喷水两次，天气炎热干旱时则应多喷几次。每次喷水都要仔细、防止冲刷。由于花坛花卉大多是草本植物，花苗一般都比较娇嫩，所以在浇水、灌水时还应注意以下几方面的问题。

（1）掌握好适宜的浇水、灌水时间。如果一天浇水两次，浇水时间应在 10：00 以前或 16：00 以后。如果一天只浇水一次，则应安排在傍晚前后为宜。

（2）掌握适宜的浇水量。每次的浇水量要适度，既不能水过地皮湿，而底层仍然是干的；也不能水量过大，如土壤经常过湿，会造成花苗根系腐烂。

（3）控制好浇水流量。浇水时水流不能太急，避免冲刷土壤，特别是对立体花坛应尽量采用喷灌和滴灌。

2. 土壤要求与施肥　普通的园土适合多数花卉生长，对过劣的或工业污染较重的土壤

（及有特殊要求的花卉），需要换入新土（客土）或施肥改良。对于多年生花卉的施肥，通常是在分株栽植时作基肥施入；一、二年生花卉主要在圃地培育时施肥，移至花坛后仅供短期观赏用，一般不用再施肥；只对长期长于花坛中的花卉追液肥 1～2 次。

3. 中耕除草 花坛内的杂草会与花苗争肥、争水、争光照，既妨碍花苗的生长，又影响观赏效果，所以一旦发现花坛中的杂草，就要及时清除。同时应经常进行中耕松土，中耕的深度要适当，不得损伤花卉根系。

4. 修剪与整理 在园林布置时，要使花容整洁，花色清新，修剪是一项不可忽视的工作。要经常将残花、果实及枯枝黄叶剪除；毛毡花坛需要经常修剪，才能保持清晰的图案与适宜的高度；对易倒伏的花卉需设支柱；其他宿根花卉、地被植物在秋冬茎叶枯黄后要及时清理或刈除；对需要防寒覆盖的花卉可利用这些干枝叶进行覆盖，但须防病虫害藏匿及注意整体田园的清洁卫生。

5. 花苗补植 花坛内如果有缺苗现象，应及时补植，以保持花坛的观赏效果。补植花苗的品种、色彩、规格等都应和花坛内的花苗一致。

6. 病虫害防治 为保证花苗的正常生长和保持有效观赏期，在花苗的生长过程中，要注意及时防治地上和地下的病虫害。

由于草花植株娇嫩，在施用农药时，要掌握适当的浓度，避免发生药害。施药还要掌握合适的时间，除应选择具有最佳的防治效果的时期，还应考虑到施药对游人的影响，一般应选择在游人较少的时候进行。

7. 花苗更换 作为重点美化而布置的一、二年生花卉，全年须进行多次更换，才可保持其鲜艳夺目的色彩。必须事先根据设计要求进行育苗，至含蕾待放时移栽花坛，花后给予清除更换。华东地区的园林，花坛布置至少应于 4～11 月间保持良好的观赏效果，为此需要更换花卉 7～8 次；如采用观赏期较长的花卉，也至少要更换 5 次。

球根花卉、宿根花卉，包括大多数岩生及水生花卉，常在春季或秋季分株栽植，根据其生长习性的不同，可 2～3 年或 5～6 年分栽一次。

地被植物大部分为宿根性，管理要求较粗放；其中属一、二年生的，如选材合适，一般也不需较多的管理，可让其自播繁衍，只要在种类比例失调较严重时，进行补播或移栽小苗即可。

特别提示

（1）花坛布置应选用花期、花色、株型、株高整齐一致的花卉，且配置合理。

（2）施工前必须根据需要进行材料、场地、人工等的准备，严格按种植的顺序及技术要求施工。

（3）花坛养护管理精细到位，是保证花坛观赏效果及有效观赏期的重要措施。

三、人员及材料、设备配置

（一）平（斜）面花坛施工所需的材料、工具和机械

花坛建植前应准备好需用的全部工具、材料、机械和运输车辆，并根据花期提前做好花苗的培育。以直径 8m 的圆形模纹花坛为例，所需材料、工具、机械车辆如表 2-16 所示。

表 2-16　平（斜）面花坛施工所需的材料、工具和机械

名称	数量与规格	用　途	人　员
平锹	4 把	整理种植床	现场指挥：园艺工程师 1 人 七级以上绿化工 1 人 种苗 4 人 货车司机 1 人
耙子	2 把	整理种植床	
比例尺	1 把	在种植床上进行图案放样	
量角器	1 把	在种植床上进行图案放样	
卷尺	1 把，20m 长	在种植床上进行图案放样	
粗铁丝	若干，视花坛大小而定	在种植床上进行图案放样	
白粉灰	若干	在种植床上进行图案放样	
小木桩	若干，视花纹复杂程度而定	定点	
小平铲	4 把	种植花苗	
大枝剪	2 把	修剪	
芽剪	2 把	修剪	
货车	1 台，车型、载重视花坛大小、用花量而定	运输花坛植物	

（二）立体花坛施工所需的材料、工具和机械

以嵌盆式立体花坛为例，所需材料、工具、机械车辆如表 2-17 所示。

表 2-17　立体花坛施工所需的材料、工具和机械

名称	数量与规格	用　途	人　员
轻质钢材	m，视花坛主体大小而定	制作骨架	现场指挥：园艺工程师 1 人 七级以上绿化工 1 人 摆放或种植花苗 5～10 人（根据花坛大小而定） 吊车司机 1 人 货车司机 1 人
钢丝网或花钵架	m^2，视花坛主体大小而定	固定花苗	
脚手架	m^3，视花坛主体大小而定	便于工作人员登高固定花苗	
卷尺	1 把，10m 长	图案放样用	
吊车	1 台，起重质量视花坛主体骨架大小而定	装、卸用	
货车	1 台，车型、载重质量视花苗用量而定	运输花用	

任务实施

以下任务分别按照下列步骤进行。

（1）依据本任务的【任务准备】，每个同学认真填写工作计划表（表 2-18）中的"工作内容"。

（2）分小组讨论。小组召集人将本小组讨论的最合理的工作内容填写在教师发放的空白表格中。小组召集人由本组组员轮流担任。每完成一个任务，小组召集人轮换一次。

（3）各小组召集人上讲台讲述本小组的"工作内容"计划，其他组同学进行质疑、点评并补充。教师进行总评，并根据各组汇报情况，归纳出供全班实施的"工作内容"计划。各组完成"工作内容"计划的"自评"与组评，分 A（良好）、B（合格）、C（不合格）三档进行评价。

（4）根据教师总结归纳的工作计划表进行施工，一周后检验花卉栽植成活结果，并对花坛栽植的观赏效果进行评价。

表 2-18　独立花坛栽植工作计划表

工作程序		工作内容	计划表评价		施工中的注意事项
			自评	组评	
组内分工 工作设备及数目 工作材料及数目					
工作步骤	1. 检查土质，确定土壤改良方案 2. 整理种植床 3. 根据花坛设计图纸，实地放样 4. 选择花坛花卉，控制品质 5. 根据相应种植顺序，植入花卉 6. 养护管理 7. 制订成活管理计划并实施				
花坛栽植效果评价					

任务反思

对照本任务【任务准备】中的"特别提示"及在施工中出现的问题，讨论并完成表2-18中"施工中的注意事项"。

任务小结

见图 2-46。

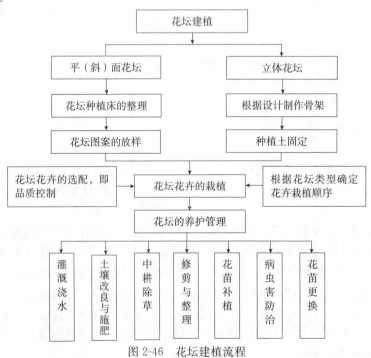

图 2-46　花坛建植流程

一、名词解释

1. 立体花坛
2. 独立花坛

二、判断题（正确的画"√"，错误的画"×"）

1. 图案较为复杂的花坛可采用方格法定点放线。（　　）
2. 四周观赏的单个独立花坛，应按由外向中心的顺序种植花卉。（　　）
3. 立体花坛根据花卉固定在骨架上的方式，分为嵌盆式立体花坛和构架式立体花坛。
（　　）
4. 花坛浇水时间应在10：00之前或16：00之后。（　　）
5. 为保持花坛的有效观赏期，花坛建成后，要进行大量追肥。（　　）

三、选择题

1. 往花坛填土时，要保证在花坛边缘地带，土面高度应填至边缘石顶面以下（　　）。

    A. 6～7cm　　　　　　　　　　　　　　B. 2～3cm

    C. 8～10cm　　　　　　　　　　　　　　D. 10～15cm

2. 以下不属于花坛花卉品质控制要求的（　　）。

    A. 花卉的主干高，基部分枝强健，分蘖者必须有3～4个分叉，初现花蕾

    B. 开花及时，用于绿地时能体现最佳效果

    C. 花卉植株的类型标准化

    D. 观赏期长，在绿地中的有效观赏期应保持在45d以上

3. 以下不适于做立体花坛植物材料的是（　　）。

    A. 玉龙草　　　　　　　　　　　　　　B. 红草

    C. 芍药　　　　　　　　　　　　　　　D. 四季海棠

四、综合分析题

1. 现代意义的花坛如何定义，常分为哪两类？
2. 简述花坛建植的施工程序及技术要求。

一、五色草立体花坛的制作

五色草立体花坛，是将五色草栽种到一定造型的框架上，制作成生动的立体图案的一种特制花坛。它的造型新颖、管理容易、摆放持久，很受人们欢迎。

1. 技术要求　立体花坛作品对技术的要求较高。传统制作的立体花坛一般选用木制、钢筋或砖木等结构作为造型骨架，现在则较多采用轻质钢材作为骨架的主要材料。

在由钢架做成的基本形态结构上覆盖尼龙网等材料,将包裹了营养土的植株用各种有机介质附着在固定结构上,表面的植物覆盖率通常要达到80%以上,不同色彩的植株密布于三维立体的构架上,最终组成了五彩斑斓的立体花坛作品。

2. 制作过程

(1)苗木的培育。从五色草母株上剪下大约5cm的嫩枝扦插在沙土中,遮阳。每天喷水数次。

在30℃左右的温度条件下,五色草插穗大约1周就能生根。扦插2周后,可以间隔3d浇施一次稀薄肥水;扦插4周后,五色草小苗便可使用。

(2)骨架的制作。按设计图的形象、规格做出骨架。骨架制作可分别采用木材、钢筋或砖木等制成的结构,制作时要考虑承重,保证坚固不变形。

(3)种植土的固定。做好框架后,用细铅线把蒲包或遮阳网按一定间隔成方格,固定在罩有一层铁丝网的框架上。覆膜每包扎20~30cm时,即向内灌装种植介质,厚度不应小于15cm,要边灌装边夯实。要随时检查外层覆膜以保证轮廓造型准确。

若花坛体积较大,内部为中空内胆,必须用无纺布等在内部绑扎隔离形成底膜,与铁丝网保持15cm的距离,以使种植土固定在框架外层。

(4)栽植。构架在展出现场安装稳固后,就可以按设计的品种、颜色往上栽种植物。栽时用一小锥将蒲包戳一个小洞,然后将小苗插入,注意苗根舒展,用土填严、压实并不漏土,植物栽植一般由下往上进行,以密植效果为好。

(5)修剪。为了使观赏效果更好,要对做好的五色草立体体花坛进行修剪,剪去高出平面的草。两种不同颜色的五色草交界处要斜剪一下,使五色草立体花坛显得更整齐,更富有立体感。

(6)喷水。为了防止五色草死亡,头两周要每天喷水数次。喷水次数可以在第一周多些,在第二周少些。同时,应该注意天气的阴晴和气温的高低。在天气晴朗,温度较高的时候,喷水操作要及时跟上。否则,由于缺水影响五色草扎根生长导致局部死草,就会影响五色草立体花坛的整体观赏效果。

二、考证指导

"花坛建植"相关技术知识是中高级园林绿化工及施工员(园林工程方向)职业资格证考试内容中的重要组成部分。

其知识点如下。

(1)栽植床要按照设计图案进行放样、确定种植位置。

(2)种植土要进行平整及施肥(或改良)。

(3)花卉栽植应密度恰当、图案准确、色彩绚丽。

(4)花坛整体应丰满、无空秃,色彩和高低要布置合理。

(5)种植最后应进行切边。

(6)检查花坛总体效果,及时调整。

(7)花坛后期管理养护要精细到位。

其技能点有以下两点。

(1)根据花坛设计图,正确进行花坛图案的放样。

(2)采取适宜的技术进行花坛植物栽植及摆设施工。

三、名词解释

（1）盛花花坛：是在规则的几何形种植床内，种植花期一致、色彩鲜艳的花卉，以表现盛花时花卉群体的色彩美或绚丽的景观。

（2）模纹花坛：主要由低矮的观叶植物或花叶兼美的植物组成，在规则的种植床内组成华丽复杂的图案纹样，主要表现图案美。

（3）独立花坛：即单体花坛，可以是盛花花坛也可以是模纹花坛，常设于较小的环境中。

（4）花坛群：由相同或不同形式的数个单体花坛组成，但在构图及景观上具有统一性的花坛群体。多置在面积较大的广场、草坪或大型的交通环岛上。

（5）嵌盆式立体花坛：把单株、多株植物预先种植在小型容器或模块内，按设计图案放置容器或模块，并固定到预制的二维构架上的立体花坛构建方式。

（6）构架式立体花坛：指使用木材、钢材或混凝土等材料构建二维或三维花坛骨架，用棕皮或遮阳网布等裱扎出基本轮廓，并形成空腔以填充专用介质土，在基本轮廓外部栽植植物的立体花坛构建方式。

任务4　草坪建植

任务目标

知识目标

1. 掌握草坪建植的施工程序及相应的技术要点。
2. 了解草坪建植的常用方法及其适用情况。
3. 掌握草坪建植养护的一般知识。

技能目标

1. 能够按要求完成草坪建植前的坪床准备工作。
2. 能够根据需要正确完成草坪建植的工作任务。
3. 能够完成草坪建植后的养护工作。

任务准备

一、坪床准备

1. 微地形处理　建植草坪前一定要考虑排水问题。一般的绿地草坪，主要通过地表排水，即通过对地形的改造，引导地面径流流至园路及市政排水口排出。草坪地形坡度一般保持在0.3%左右。不同类型的草坪，在排水处理上有所不同。

（1）位于建筑物周围的草坪，可把坪床整理成由内向外逐渐倾斜的地形。见图2-47。

（2）成片的草坪，可把坪床整成中间高四周低（龟背形），即中心部位略高，并逐渐向边缘倾斜的地形。

（3）运动场草坪和质量要求高的草坪，坪面要求整体平整，不应有明显坡度，因此既要通过地表排水还须专门设置地下排水设施排水。

2. 土壤层准备　草坪植物正常生长所需的最低土层厚度为30cm。为了给草坪植物创造良好的生长条件，确保草坪质量，要求用于种植草坪的坪床土壤层要达到30cm以上的厚度，同时要求土壤疏松、肥沃。见图2-47。

图2-47　微地形处理后的坪床

3. 杂物清除

（1）清除坪床杂草。若在熟耕地上建植草坪，除了耕翻土壤清除杂草根茎外，还需喷洒灭生性除草剂，杀除残留的杂草种子，待除草剂药效过后再建植草坪。

（2）清除土层内的建筑垃圾、塑料袋等杂物。深翻土壤，深度大于30cm。见图2-48、图2-49。

图2-48　清除杂物

图2-49　耕翻土壤

4. 土壤改良 当建植地的土壤不能满足草坪植物的生长需要时，应对坪床土壤进行改良。有以下情况。

（1）坪床土壤为黏土，则通过往土壤中拌入适量沙土和腐殖质进行改良。见图 2-50。

（2）坪床土壤偏酸性或偏碱性，则往土壤中施入石灰或酸性肥料进行改良。

（3）坪床土壤土质差、盐分高、酸碱度大或是填充土的，草坪植物根本无

图 2-50 加沙改良土壤的黏性

法生存，则要将大于 30cm 厚的表层土全部刨松、运走，换上适宜草坪植物生长的疏松客土。

5. 底肥施足 增施足够的底肥，可以确保草坪后期的生长质量。

施入有机肥，要做到肥与土壤充分混匀。最好选择优质的有机肥料做底肥，不可直接使用家畜粪肥，以避免病虫害滋生。

6. 床面平整 打碎耕作层的大土块，进行过筛处理，让土块直径小于1cm，然后整平和压实床面，可用刮板或竹耙整平床面，避免出现坑坑洼洼处。建植高质量的草坪，可在坪床表面再铺一层沙和泥炭土，厚度为 3cm 左右。铺沙可进一步地增加坪床的密实度及平整度；增施优质的泥炭土可增加土壤肥力。见图 2-51 至图 2-53。

图 2-51 往坪床上加一层沙

图 2-52 往坪床上加泥炭土

图 2-53 用竹耙平整床面

二、草坪建植

草坪可通过草坪植物的种子或营养体繁殖而成。用播种法建植的草坪，草坪草根系发达，长势旺盛，抗性强。用营养体建植草坪，方法简便、成坪快。见图2-54。

图2-54　百慕大草卷

1. 播种建植　常用撒播和机械喷播两种方法。撒播适用于面积较小的草坪，机械喷播适用于面积大及坡度较大（＞30％）的地块，主要用于边坡绿化。为了提高草种发芽率及出苗整齐度，在播种前须对种子进行催芽处理。简便易行的催芽方法是用0.5％的烧碱液浸泡草种24h，然后用清水将种子漂洗干净，再继续加清水浸泡种子7～8h后捞出，在阴凉处晾干后再播种。

（1）人工撒播。将草种和2～3倍的细沙混合均匀，撒播在准备好的坪床上。为保证均匀播种，要将种子一分为二。先沿一个方向播种一份种子，再沿垂直方向播种另一份种子，每个方向来回播种2～3次。播种后覆盖一层细土，一般厚度为0.5～1.0cm。覆土后及时镇压，保持水分。然后，用无纺布或遮阳网遮盖后用U形钉固定。待80％的种子发芽后，在阴天或傍晚去除覆盖物。

（2）机械喷播。事先按设计比例准备好草种、水、肥料、活性钙、保水剂、木纤维、黏合剂、染色剂等材料。喷播前先往喷植机的混料罐中加入水，然后再依次加入草种、肥料、活性钙、保水剂、木纤维、黏合剂、染色剂等。配料加入后须充分搅拌5～10min后再喷播，以保证混合均匀。喷播时，要均匀喷射到坪床上。平地喷播时由里向外进行，在坡地上则按从上到下的顺序均匀喷播，喷播压茬40～50cm。见图2-55、图2-56。

图2-55　机械喷播准备

图2-56　机械喷播建植草坪

2. 营养体建植　近年来，常用的营养体建植方法主要有密铺建植、分栽建植和埋茎建植。密铺建植适用于小面积草坪的建植，其绿化效果立竿见影，是中心绿地建植草坪的主要方法。分栽建植适用于种子繁殖较困难且地上匍匐茎或地下根状茎较发达的草种，如野牛草、结缕草等。埋茎建植适用于具备发达匍匐茎的草种，如匍匐剪股颖、野牛草等。建植面积大的草坪，在工程工期充裕或建植地较为偏僻的地方的，可采用分栽与埋茎的方法建植草坪，节约成本。

（1）草皮密铺建植。铺草前要事先准备好大剪刀，用来分解草皮，修补边角。铺植时，草皮（草块、草卷）从同一方向顺次逐块（逐卷）平铺，草皮间衔接整齐，接口处平整不压边，草皮间不留明显缝隙。遇到床面不平或草皮带土厚度不均时，则填土或去土填平后再铺。在铺植混生草坪时，应铺至树穴或片植床外，草坪外缘线条的处理应自然、流畅。铺好后再用滚筒或木板拍实、压平草皮，使草皮与土壤密接。密铺草皮时，草皮衔接处是否留出缝隙视情况而定，建植主景区内质量高的草坪，不留明显缝隙；一般的草坪，可适当留出 1cm 左右的缝隙。见图 2-57 至图 2-61。

图 2-57　密铺法建植草坪

图 2-58　草坪外缘线条的处理应自然、流畅

图 2-59　拍实、压平草坪

图 2-60　草坪浇水

图 2-61　垫板作业

（2）分栽建植。先将母本草皮进行分拆，3～5 株一丛。栽种的方式有条栽和穴栽两种。

条栽是按一定的行距在坪床上开挖深 6～8cm 的栽植沟，每间隔一定的距离栽种一丛植株。穴栽是采用品字形穴植，穴深 8cm，穴径 8～10cm，每穴栽入一丛植株，最后，覆土与地面平齐并压实。覆土时草根要完全埋没不宜外露。栽植密度可根据施工要求进行调整。见图 2-62。

（3）埋茎建植。起出母本草皮，先将根部的土抖掉，然后将根状茎或匍匐茎切成 3～5cm 长的草段，再将草段均匀撒播在坪床上。为方便覆土作业，可用铁纱网铺展开压在草段上，覆土厚度为 1cm 左右。覆土耙平后再撒去铁纱网。

3. 植生袋建植　在无土的岩石裸露的部位及土壤缺失的坡面可采用植生袋建植草坪。植生袋由植物种子、培养土、

图 2-62　分栽建植草坪

可降解包装袋组成。把植生袋按一定规律码放在已做好防护支撑的边坡上，并用锚杆将其锚固。袋内的草坪种子吸收植生袋内的营养后萌芽，根系在边坡土壤间生长，并将植生袋连接成一个整体，将植生袋与边坡进行了有效的固定，从而实现了边坡的防护、水土保持和绿化的作用。见图 2-63 至图 2-66。

图 2-63　码放植生袋

图 2-64　固定植生袋

图 2-65　建植完毕

图 2-66　成　坪

特别提示　草坪建植的注意事项

（1）为了防止在建植草坪时，人为踩踏破坏草坪的平整，可在坪床上垫板作业。见图 2-61。

（2）在坡地上建植草坪时，栽植顺序应由上往下。

（3）草坪浇水要从远到近，刚浇完水的草坪不可踩踏。

三、植后成坪养护

新植的草坪还需要进行一定的养护管理，才能够确保其尽快成坪。主要的养护措施有浇水、病虫害防治、施肥和修剪。

1. 浇水　播种草种覆盖地面后，要及时浇水，要使水喷成雾状，细密均匀，水量以渗透土层 8～10cm 为宜。苗出齐前，要保持苗床湿润。苗出齐后，在覆盖物没有揭去前，要进行适当控水。揭去覆盖物后要及时补水。铺植草皮的，经压实后，24h 内必须要浇水，水量以水渗透土层 5cm 以上为宜。5～7d 内，应保持土壤湿润。每天早晚各喷水一次，直至草坪扎根土壤。草坪生长稳定后，根据草坪的生长状况及天气情况浇水，浇水遵循浇足浇透的原则。

2. 病虫草害防治 杂草对新建草坪危害最大，因此，发现杂草要及时人工拔除，也可使用化学除草剂，但用药时要注意，不能损伤草坪草。新植的草坪，由于坪床内水分较高容易引起草坪的病害，因此，要注意保持坪床排水通畅，不能积水，同时，可通过每个星期喷洒一次农药来预防或抑制病害的发生和蔓延。虫害在新植的草坪上，危害不显著，如果有地下害虫——蝼蛄，可用药剂进行防治。

3. 施肥 坪床底肥施足的新植草坪，至成坪的这段时间一般不须再追施肥。但在草坪每一次修剪的前1～2个星期可适当追肥，目的是使草坪在修剪后，营养能得到及时补充，以免影响草坪草生长。草坪追肥，以施氮肥为主，应遵循少量多次的原则。施肥要在草坪草的叶子完全干燥时进行，特别是撒施，要避免叶片上的水珠溶解肥料，从而造成因局部肥料浓度过大而烧伤叶片的情况。也可结合灌溉进行施肥，将肥料事先溶于水中，然后使用轻型喷灌机或自动喷灌系统进行喷施，直到地面2.5～5.0cm土壤湿透为止，但必须要考虑到喷灌的均匀性，以免肥料分布不均，从而造成草坪草的长势不一，甚至可能引起局部草坪草的肥害。

4. 修剪 新建草坪要及时进行修剪。通常，新枝条高达5.0cm时就可以开始修剪。修剪遵循"1/3规则"，即每次修剪不要超过草坪草的1/3的垂直生长茎叶高度，避免因地上茎叶生长与地下根系生长不平衡而影响草坪的正常生长。新建的公共草坪修剪高度为3～4cm。修剪时要在土壤干燥、紧实时进行，且要求剪草机的刀刃要锋利，调整应适当，否则易将幼苗连根拔起和撕破，擦伤幼嫩的植物组织，特别是土壤潮湿时尤为严重。修剪时草坪草上应无露水或水珠，这样也可以避免修剪对幼苗的过度损伤，最好是在叶子不发生膨胀的下午进行修剪。新建草坪，应尽量避免使用过重的剪草机械，以避免损伤幼苗嫩叶、板结土壤。特别是初次修剪要更为小心。

四、人员及材料、设备配置

1. 人员配备 由1位草坪建植工指导，3～4位工人协助完成。

2. 材料准备 草种、草皮（草块或草卷）。

3. 设备配置 覆盖物、大剪刀、水管、木垫板、竹耙、拍草板等。

以下2个任务分别按照下列步骤进行。

（1）依据本任务的【任务准备】，每个同学认真填写实施计划表。

（2）分小组讨论。小组召集人将本小组讨论的最合理工作内容及注意事项填写在教师发放的空白表格中。小组召集人由本组组员轮流担任，每完成一项工作轮换一次。

（3）各小组召集人上讲台讲述本小组的实施计划表，其他组同学进行质疑、点评并补充。教师进行总评，并根据各组汇报情况，归纳出供全班实施的计划表。

（4）根据教师总结归纳的任务实施计划表进行施工，最后检查学生施工效果并进行评价。

一、人工撒播建植草坪（表 2-19）

表 2-19 人工撒播建植草坪实施计划表

工作程序		工作内容	计划表评价		施工中的注意事项
			自评	组评	
组内分工					
工作设备及数目					
工作材料及数目					
工作步骤	1. 微地形处理				
	2. 土壤层准备				
	3. 清除杂物				
	4. 土壤改良				
	5. 施足底肥				
	6. 平整床面				
	7. 播种				
	8. 植后成坪养护				
施工效果评价（%）					年 月 日检

二、草皮密铺建植草坪（表 2-20）

表 2-20 草皮密铺建植草坪实施计划表

工作程序		工作内容	计划表评价		施工中的注意事项
			自评	组评	
组内分工					
工作设备及数目					
工作材料及数目					
工作步骤	1. 微地形处理				
	2. 土壤层准备				
	3. 清除杂物				
	4. 土壤改良				
	5. 施足底肥				
	6. 平整床面				
	7. 铺植草皮				
	8. 植后成坪养护				
施工效果评价（%）					年 月 日检

 任务反思

　　对照本任务的【任务准备】中的"特别提示"及在施工中出现的问题，分别完成表 2-19、表 2-20 的"施工中的注意事项"。

项目小结

见图 2-67。

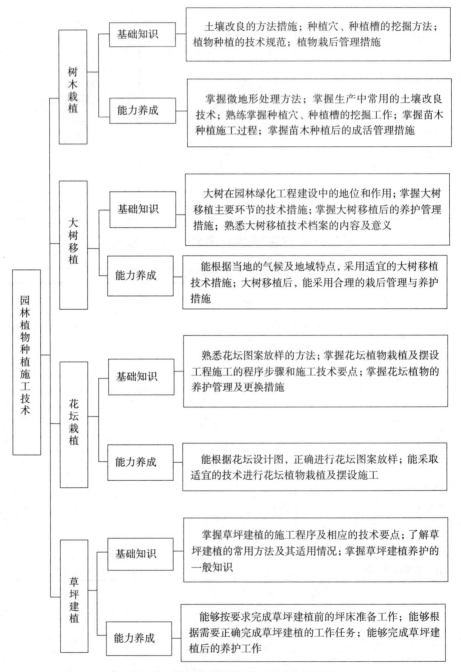

图 2-67 园林植物种植施工技术知识框架

项目测试

一、名词解释

1. 定植

2. 微地形

3. 大树预掘

4. 立体花坛

5. 植生袋

二、单项选择题

1. 种植穴的穴径和深度一般要比根幅与根系深大（   ）cm。

　　A. 10～20　　　　B. 20～30　　　　C. 30～40　　　　D. 40～50

2. 大树移栽后应保持至少（   ）个月的树冠喷雾和树干保湿。

　　A. 10　　　　　　B. 5　　　　　　　C. 3　　　　　　　D. 1

3. 土球修坨完成后，应马上进行的工序是（   ）。

　　A. 缠腰绳　　　　B. 挖底沟　　　　C. 包蒲包片　　　　D. 打花箍

4. 吊运土球大树苗时，以下工序错误的是（   ）。

　　A. 土球吊装前，吊绳与土球接触处应用木块垫起

　　B. 装车时应树梢朝前（即驾驶室方向），土球向后，顺卧在车厢内

　　C. 土球垫稳并用粗绳将土球与车身捆牢，防止土球晃动

　　D. 装运过程中，押运员应站在车厢尾，手持长竿，不时挑开横架空线，以免发生危险

5. 往花坛填土时，要保证在花坛边缘地带，土面高度应填至边缘石顶面以下（   ）。

　　A. 6～7cm　　　　B. 2～3cm　　　　C. 8～10cm　　　　D. 10～15cm

6. 以下不适于做立体花坛植物材料的是（   ）。

　　A. 玉龙草　　　　B. 红草　　　　　C. 芍药　　　　　　D. 四季海棠

7. 草坪地形坡度一般保持在（   ）左右。

　　A. 0.2%　　　　　B. 0.3%　　　　　C. 0.4%　　　　　D. 0.5%

8. 草坪植物正常生长所需的最低土层厚度为（   ）cm。

　　A. 10　　　　　　B. 20　　　　　　C. 30　　　　　　D. 40

9. 当坪床的土壤为（   ）时，一定要换土。

　　A. 黏性　　　　　B. 酸性或碱性　　C. 填充土　　　　D. 沙性

10. 城市中心绿地建植草坪的最常用方法是（   ）。

　　A. 播种法　　　　B. 密铺法　　　　C. 分栽法　　　　D. 植生袋法

三、判断题（正确的画"√"，错误的画"×"）

1. 新栽树木的养护，重点是水分管理。（   ）

2. 一般而言，幼青年期的树木以及休眠期的树种不容易栽活。（   ）

3. 苗木栽植应避开早晨、雨天。（   ）

4. 大树移植的最宜时间是早春、秋冬。（　　　）

5. "大树"一般指干径在 10cm 以上、高度在 4m 以上的大乔木。（　　　）

6. 对卸车后不能直接放入种植穴内栽植的树木，应将其横卧放置在地。（　　　）

7. 图案较为复杂的花坛可采用方格法定点放线。（　　　）

8. 四周观赏的单个独立花坛，应按由外向中心的顺序种植花卉。（　　　）

9. 为保持花坛的有效观赏期，花坛建成后，要进行大量追肥。（　　　）

10. 给坪床施底肥时，随机撒施到床面即可。（　　　）

四、综合分析题

1. 大树移植存在哪些难点，应采取哪些相应措施确保大树的成活率？

2. 简述花坛建植的施工程序及技术要求。

3. 某园林公司承担一小区绿化项目，其中需建植观赏草坪约 500m², 用规格为 30cm×30cm 的百慕大草块建坪。如果你是该公司的草坪建植工，应如何在工人的协助下完成此项草坪建植任务？

项目③

园林植物种植施工组织管理

经过一年多的园林绿化工程实践，赵国庆也开始做师傅带实习生了。这天赵国庆带着到公司实习的小黄到工地熟悉环境，并向他介绍其工作的主要内容及职责。"检查种植材料质量，指导种植技术，监督种植质量；根据工期按时制订各阶段的施工进度计划，每天的用工计划，合理安排工人；现场资料记录和保存；现场垃圾清理；参与工程验收……加强沟通……"听赵国庆说着，小黄简直蒙了。原以为园林施工员只是在工地指导工人完成施工任务，没想到具体工作中还涉及这么多的知识在里边。

园林植物种植施工组织管理是对整个园林种植的施工过程的合理优化和组织管理。本项目主要介绍对种植施工现场进度、平面布置、质量、安全和文明等方面的管理及工程验收的工作，通过对施工现场的科学组织与管理，确保工程项目优质、快速、低耗、安全地完成。

本项目的学习内容为：（1）施工现场组织管理；（2）工程验收。

任务1　施工现场组织管理

知识目标

1. 掌握施工现场组织设计的基本内容。

2. 掌握施工现场管理的主要工作内容。

3. 掌握工程所在地的《城市绿化工程施工和验收规范》。

技能目标

1. 能够编制施工现场组织设计。

2. 能够组织并参与施工现场的施工验收。

3. 能够正确填写施工现场的各类管理表格。

一、施工现场组织设计

1. 种植施工进度计划的编制　目前，工程施工中用于表示施工进度计划的最常见方法是横道图法，也称条形图法。横道图较为简单明了，在绿地项目施工中被广泛应用。横道图由两部分组成：以工种为纵坐标，根据工程制表需要包括工程量、各工种工期、定额及劳动量等指标；以工期为横坐标，通过线框或线条表示工程进度。其编制步骤如下。

（1）工序的确定。根据绿化工程项目分类图（图3-1）的施工顺序排列编制。

（2）各工序工期的确定。根据工程月进度计划表、工程量、施工条件及管理经验等方面确定。

（3）横道图的绘制。用线框在相应栏目内按时间起止期限绘出横道图（图3-2）。要求清晰准确。

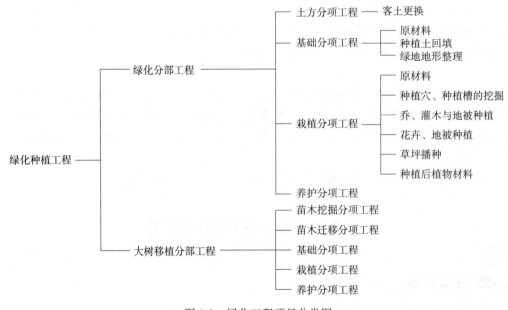

图3-1　绿化工程项目分类图

特别提示　种植施工进度计划编制中的注意事项

（1）工序不得疏漏、不得重复。

（2）应将法定节假日扣除。适当留出机动时间，以免遭受恶劣天气影响。一般需留总工作天数的5%～8%。

（3）编制完毕后要认真检查，看是否满足总工期需要；能否清楚地表示时间进度和要完成的任务指标等。

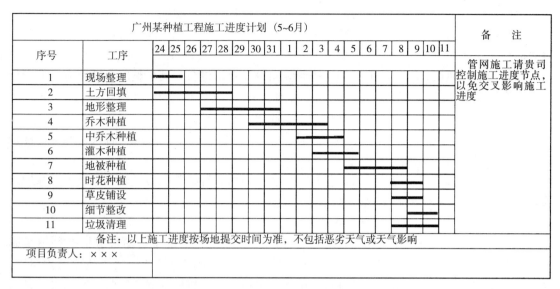

广州某种植工程施工进度计划（5~6月）		24	25	26	27	28	29	30	31	1	2	3	4	5	6	7	8	9	10	11	备　注
序号	工序																				管网施工请贵司控制施工进度节点，以免交叉影响施工进度
1	现场整理																				
2	土方回填																				
3	地形整理																				
4	乔木种植																				
5	中乔木种植																				
6	灌木种植																				
7	地被种植																				
8	时花种植																				
9	草皮铺设																				
10	细节整改																				
11	垃圾清理																				
备注：以上施工进度按场地提交时间为准，不包括恶劣天气或天气影响																					
项目负责人：×××																					

图 3-2　广州某园林公司种植工程项目的施工进度计划横道图

2. 用工计划的制订　根据施工进度计划、任务量和劳动力定额，确定出每道工序所需用的人工数和所有工序需要的总人工数。

3. 工程材料工具计划的制订　根据工程需要提出苗木、工具、材料的供应计划，包括用量、规格、型号、使用时间和期限等。

二、施工现场管理

（一）施工现场平面布置

根据施工现场平面布置图，结合现场实际情况，对施工现场进行整体布置。现场的平面布置要考虑施工区域的划分，施工通道的布置、现场临时水电的布置，植物材料临时堆放区等的位置。

（二）施工过程中的检查与监督

检查与监督工作内容参见图 3-1。

1. 土方分项工程的验收要求以及表格填写　指绿化工程种植土覆盖前的土方工程、地形整理各工序的施工和验收。

（1）种植地的土壤含有建筑废土及有害成分，或本身是强酸性土、强碱性土、重黏土、盐土、盐碱土、沙土等时，应进行客土更换。特别是覆土 50cm 以内粒级为 3cm 以上的渣砾，土层 100cm 以内的沥青、混凝土及有毒垃圾必须清除。

（2）强酸性土、强碱性土、重黏土、盐土、盐碱土、沙土、沥青及有毒垃圾等含有有害成分的材料，不能用于种植区域的地形回填。

（3）土方回填后的地形坡度、标高和密实度应符合设计要求，且排水良好。

土方分项工程检验批质量验收记录表的填写参见附录。

2. 基础分项工程的施工验收要求及表格填写　指绿化工程的种植土覆盖和地形整理等工序的施工和验收。

（1）一般规定。在原有绿地上种植的，应根据设计要求对部分技术指标不符合要求的土壤采取改良措施。在进行苗木栽植前，应进行相关隐蔽工程的验收。

（2）种植土。种植土进场时，应按规定抽取试样进行种植土性能检验，其质量必须符合有关标准。绿地回填的种植土应无直径 3cm 以上的石砾、瓦砾等杂物。

（3）种植土回填。绿地地形整理应按照竖向设计要求进行，其平整度、坡度应符合设计要求，保证排水良好，完成面无积水。地形整理完成后的土壤颗粒尺寸允许偏差为 ±1.0cm。平整后绿地应无直径 3cm 以上的石砾、瓦砾等杂物。

（4）绿地地形整理。应按照竖向设计要求进行，其平整度、坡度应符合设计要求，保证排水良好，完成面无积水。

基础分项工程验收表格的填写，包括有种植土回填工程检验批质量验收记录表、绿地地形整理工程检验批质量验收记录表。表格样式参见附录。

3. 栽植分项工程验收要求及表格填写

（1）一般规定。苗木挖掘、包装应符合 CJ/T 24 的规定。苗木运输量应根据种植量确定，应办理相关手续，确保安全，对棕榈科植物和要求全形态保留的植物要注意保护树冠，避免主干受损。植物种植之前，应进行种植槽、种植穴和有机肥的隐蔽验收。种植穴、种植槽挖掘前，应查明地下管线和隐蔽物的埋设情况。

（2）原材料。绿地播种用的种子，均应注明品种、品系、产地、生产单位、采收年份、纯净度及发芽率，不得有病虫害；发芽率达 90% 以上方可使用。绿化工程植物材料的品种、规格和形态等，应符合设计要求。乔木胸径的允许偏差为 ±0.5cm，冠幅的允许偏差为 ±5cm，树高的允许偏差为 ±10cm。灌木冠幅的允许偏差为 ±5cm，树高的允许偏差为 ±5cm。到场苗木严禁带明显病虫害，不得受伤或土球松散。进场苗木应符当地的地方规范。从境外或外地病源地引进的植物材料，必须符合国家有关植物检疫的要求。种植前应对苗木进行修剪，剪除枯死枝、病虫枝及影响观瞻部分，剪口应平滑，不得劈裂。修剪直径 2cm 以上大枝及粗根时，截口必须削平并涂防腐剂。乔木类修剪应保持原有树形，有主尖的乔木应保留主尖，不得短截和抹头，尽量保持原有树形。用作绿篱、色块、造型的苗木，在种植后按设计要求整形修剪。

（3）种植穴、种植槽的挖掘。种植穴、种植槽的定点放线应符合设计要求，位置准确，标记明显。种植穴定点时应标明中心点位置，种植槽应标明边线。种植穴的直径与深度大小应符合设计要求，至少应比土球直径大 20cm，树穴上下基本垂直，并按要求回填种植土及基肥，保证种植后的树窝大小一致。对排水不良的种植穴，可在穴底铺 10~15cm 厚的沙砾或敷设渗水管，加设排水盲沟。

（4）乔、灌木与地被的种植。乔、灌木与地被植物种植前应清除杂草，按设计要求添加基肥，基肥应为有机肥，并进行 30cm 深的翻土，使基肥与土壤充分混合。种植时苗木根部不能直接与肥料接触，在接触根部的地方应铺放一层未拌肥的种植土，厚度大于 5cm。种植苗木应拆除不易腐烂的包装物。乔、灌木栽植深度应符合植物生长要求，并应保证定植后在土壤沉降后树根颈与地表面等高。花卉、地被种植深度为原土球深度；完成面以不露出土球为准，不得损伤茎叶，并保持根系完整。个别快长、易生不定根的树种可较原种植线深 5~10cm，竹类可比原种植线深 5cm。规则式种植应保持对称均衡，行道树或行列种植树木应保持主干对齐，相邻植株规格应合理搭配，使高度、干径、树形近似，种植树木应保持直立，不得倾斜，应注意观赏面的合理朝向。花卉、地被种植密度应符合设计要求。块状草皮铺种后，草块间隙不能大于 1cm，完成面应有合理的排水坡度。

（5）花卉、地被种植。独立花坛，应按由中心向外的顺序种植。坡式种植，应由上而下种植。多品种混植时，应按先高后矮、先宿根后草花的顺序种植。模纹花坛，应先种植图案的轮廓线，后种植内部填充部分。大型花坛，宜分区、分块种植。假山或岩缝间种植，应在种植土中掺入苔藓、泥炭等保湿、透气材料。树木种植后应将土球四周的松土分层填实，使种植土均匀、密实地分布在土球的周围。新植苗木应在当日浇透第一遍水，种植后应在略大于种植穴直径的周围开窝蓄水。胸径 20cm 以下的行道树种植时应采用混凝土柱扶固，混凝土柱埋深应≥70cm，柱内侧间距应≥80cm。胸径 20cm 以上的行道树和其他乔木，种植后应采取适当扶固措施。攀缘植物种植后，应进行绑扎或牵引。固定物禁用易腐烂、外观差的材料。

（6）草坪播种。草坪种植应根据不同地区、不同地形选择播种的类型。播种时应先保持土壤湿润，稍干后将表层土耙细耙平；如选用撒播，要均匀覆土 0.3～0.5cm 后轻压，然后喷水。播种后应及时喷水，水点宜细密均匀，浸透土层 8～10cm 并保持湿润。

栽植分项工程验收表格的填写，包括苗木进场记录表，种植穴、种植槽的挖掘工程检验批质量验收记录表、植物种植工程检验批质量验收记录表、种植后植物材料检验批质量验收记录表。表格样式参见附录。

4. 养护分项工程验收要求及表格填写　用于城市绿化工程的养护管理分项的施工和质量验收。

（1）养护分项应按养护计划落实有关措施，并做好记录。

（2）植物应生长良好，符合植物生长规律。花灌木和开花的地被植物着花及脚叶整齐，无脱落。草坪生长正常，叶色青绿。

（3）植物成活率需达 95％以上，绿地中无黄土裸露，草地覆盖率达 95％以上。

（4）按设计要求或自然树形适度修剪，绿篱高度、宽度恰当，平整一致。

（5）植物要定期进行病虫害防治，保持施工范围内的植物无明显病虫害现象。

（6）植物种植后应定期浇水，保持植物长势良好。

（7）植物种植后应定期施肥，保持植物长势良好。

（8）草坪外观平整，边缘清晰、顺滑，无积水现象。

养护分项工程检验批质量验收记录表格的填写参见附录。

5. 大树分部工程中包括的各项检验批及验收要求

（1）一般规定。大树移植前应对移植大树的生长情况、立地条件、周围环境等进行调查研究，制定移植的技术方案和安全措施。移植大树的主要施工人员必须持证上岗。吊装和运输大树的机具必须具备足够的承载能力，并有年审合格证，作业人员必须有上岗证。大树移植应建立技术档案。

（2）苗木挖掘分项工程。大树移植前须分期断根，修剪，做好移植准备。大树移植的根部土球大小，应满足保证该树种成活的常规要求，包裹物须符合移植要求。

（3）苗木迁移分项工程。需要迁移的树木应生长正常、无病虫害、未受机械损伤。大树的修剪应根据移植季节、生长习性、绿化功能和绿化效果确定修剪方式和修剪量。迁移前对病枯枝、徒长枝、内膛枝等均应予以修剪。迁移前为了防止工伤事故或损坏树木，应对需移植的大树进行必要的支护。迁移前应标明树木的主要观赏面和阴、阳面。

（4）栽植分项工程。移植大树在装运过程中，应将树冠捆拢，固定树干，防止损伤树皮，不得损坏土球。大树移植卸车时，土球应直接吊放种植穴内，并应将主要观赏面安排妥当，拆除包装，分层填实。种植覆土沉降后的深度应与原种植线持平并将树干栽正扶直，常绿树应高于地面 5cm 左右。

（5）养护分项工程。大树移植后须设立支撑，防止树身摇动。种植后应注意病虫害防治，进行全面的病虫害检测。大树移植后，应配备专职技术人员加强养护管理。

大树分部工程验收表格的填写，包括苗木迁移分项工程检验批质量验收记录表、苗木挖掘分项工程检验批质量验收记录表。表格样式参见附录。

（6）增项工程。当工程遇到增项工程时，同样需要做好各项资料的填写及保存工作，另外还须出具准确有效的签证用图纸。须填写设计变更通知单和现场签证表。

（7）填写绿化种植报验申请表。

特别提示　施工过程中的检查与监督的注意事项

（1）对一般的工序可按日或按施工阶段进行质量检查。检查时，要准备好合同及施工说明书、施工图、施工现场照片、各种证明材料和试验结果等。

（2）园林景观的外貌是重要的评价标准，应对其外观加以检验。主要通过形状、尺寸、质地、质量等进行评定判断，看是否达到质量标准。

（3）对植物材料的检查，要以成活率及生长状况为主，检查要进行多次。对隐蔽性工程，例如定点放线、挖穴工程等，要及时申请检查验收，验收合格方可进行下一道工序。

（4）在检查中如有发现问题，应尽快提出处理意见。需要返工的确定返工期限，需要修整的制定必要的技术措施，并将具体内容登记入册。

（三）施工现场的安全管理

1. 安全管理目标　制定"六杜绝""三消灭""二创建"的安全施工管理目标。

（1）"六杜绝"：杜绝触电伤亡事故，杜绝机械伤害事故，杜绝重物坠落打击事故，杜绝人员高空坠落伤亡事故，杜绝农药使用伤亡事故，杜绝树木倒伏砸伤事故。

（2）"三消灭"：消灭违章指挥，消灭违章作业，消灭故意破坏事故。

（3）"二创建"：创建优质工程，创建安全文明施工单位。

2. 安全防护管理体系

（1）项目主要负责人与各专业施工单位负责人签订安全生产责任状，使安全生产责任到人，层层负责。

（2）设置专职或兼职安全员，负责施工人员的安全教育，安全施工检查及事故的抢救和处理工作。

3. 安全检查制度　定期组织施工现场的安全生产检查，检查各种设备、设施的使用情况，对施工中存在的不安全因素，提出整改意见，及时消除事故隐患。

（四）施工现场的文明管理

（1）对施工人员进行文明施工管理和文明举止等内容的素质教育，做到文明施工。

（2）成立施工清洁队，负责场区内外的卫生清理工作。

（3）加强施工过程中的防尘控制。出现 4 级以上大风天气时，应立即停止回填栽植土，土壤过筛施工等，防止扬尘发生。

（4）减少噪声污染。7：00 前，20：00 后，不使用园林机械设备，最大限度地减少施工扰民现象。

（五）施工现场资料的管理

要认真记录好施工现场的各种原始数据，并收集好施工中的各种资料，按施工进度整理造册，妥善保管，以便在竣工验收时能提供完整的资料。

施工日志是种植工程整个施工阶段的施工组织管理、施工技术等有关施工活动和现场情况变化的真实的综合性记录，也是处理施工问题的备忘录和总结施工管理经验的基本素材，是工程竣工验收资料的重要组成部分。以施工日志为例讲解施工现场数据的记录及管理要求。

（1）读懂施工日志的内容（表 3-1）。施工日志的内容根据工程实际情况确定，一般包含工程概况、当日施工情况、技术质量安全情况、施工中发生的问题及处理情况、各专业配合情况、安全生产情况等。

（2）记录要求。以单位工程为记载对象，从工程开工起至工程竣工为止，逐日记载，记录要真实，且要连续完整地记录。书写认真、字迹清晰，也可以用计算机录入、打印，但签字要齐全、不能有代签名。

（3）管理要求。由项目技术负责人具体负责，必须保证内容清晰、齐全，并及时交到资料室存档。

表 3-1　施工日志（范例）

编号：

工程名称	×××工程			
施工单位	×××公司			
	天气状况	风力	最高温度（℃）	最低温度（℃）
白天	晴	2～3 级	28	22
夜间	晴	2～3 级	22	19

生产情况记录（施工部位、施工内容、机械作业、班组工作、生产存在问题等）

以×××路左侧绿化带为例

1. 土方回填：回填土方约＿＿m³

2. 堆筑地形：按图纸标高进行堆筑地形

3. 现场有＿＿班组、共计＿＿人施工

技术质量工作记录（技术质量安全活动、检查评定验收、技术质量安全问题等）

1. 安全生产方面：由安全员带领＿人巡视检查，重点检查施工机械，特殊作业岗位证，有无按要求穿着反光衣、佩戴安全帽，检查全面到位，无安全隐患。

2. 检查评定验收：对符合要求的土壤、符合设计的地形处理予以验收，工程主控项目、一般项目符合施工质量验收规范要求。

参加检验人员

监理单位：×××、×××（职务）等

施工单位：×××、×××（职务）等

项目经理		填写人		日期	年　月　日

三、人员及材料、设备配置

1. 人员配备　由工程项目负责人、施工员及资料员共同合作完成。

2. 材料准备　某种植工程项目的施工年月进度表、当地绿化工程施工和验收规范、施工安全文明管理制度、各类施工现场管理的表格。

3. 设备配置　笔、皮尺、计算器等。

任务实施

以下两个任务分别按照下列步骤进行。

（1）依据本任务的【任务准备】，每个同学认真填写实施计划表。

（2）分小组讨论。小组召集人将本小组讨论的最合理工作内容及注意事项填写在教师发放的空白表格中。小组召集人由本组组员轮流担任，每完成一项工作轮换一次。

（3）各小组召集人上讲台讲述本小组的实施计划表，其他组同学进行质疑、点评并补充。教师进行总评，并根据各组汇报情况，归纳出供全班实施的计划表。

（4）根据教师总结归纳的任务实施计划表进行操作，最后检查学生的操作成果并进行评价。

一、施工现场组织设计

表 3-2　施工现场组织设计实施计划表

工作程序		工作内容	计划表评价		操作中的注意事项
			自评	组评	
组内分工					
工作材料及数目					
工作步骤	1. 施工日进度计划制订				
	2. 用工计划的制订				
	3. 工程材料工具计划的制订				
操作成果评价		年　　月　　日			

二、施工现场管理

表 3-3　施工现场管理实施计划表

工作程序	工作内容	计划表评价		操作中的注意事项
		自评	组评	
组内分工				
工作材料及数目				

（续）

工作程序		工作内容	计划表评价		操作中的注意事项
			自评	组评	
工作步骤	1. 施工现场平面布置				
	2. 施工过程中的检查与监督				
	3. 施工现场的安全管理				
	4. 施工现场的文明管理				
	5. 施工现场资料管理				
操作成果评价				年　　月　　日	

任务反思

　　对照本任务的【任务准备】中的"特别提示"及在操作中出现的问题，分别完成表表3-2、表3-3中的"施工中的注意事项"。

任务2　竣工验收

任务目标

知识目标

1. 掌握种植工程竣工验收程序。

2. 掌握工程所在地的《城市绿化工程施工和验收规范》。

技能目标

1. 能够做好竣工验收前的现场清理和资料准备工作。

2. 能够协助做好竣工验收的工作。

任务准备

一、竣工验收前的准备

1. 施工现场的清理　对施工现场各种废弃物、临时设施的清理；对栽植点、草坪的全面清洁。

> **特别提示 施工现场清理的注意事项**
>
> （1）不得损坏已完工的设施。
> （2）不得破坏刚铺好的草坪，不得伤及新植的树木花草。
> （3）各种废弃物要择点堆放，不能乱丢在工地之外。
> （4）能继续利用的施工剩余物要清点入库，不可随意遗弃。

2. 竣工验收资料的准备 竣工验收资料主要有：对该工程项目进行要求的各类技术性文件、开工申请报告、土壤及水质化验报告、施工日志、材料报验申请表、工程中间验收记录、竣工工程项目一览表、工程竣工图、工程设计变更文件、工程质量事故发生情况和处理记录、工程决算、施工总结报告、竣工验收申请报告，等等。

3. 施工自检 对所主管的工程进行自检，做好记录，对不符合要求的部位和项目，要制定修补处理措施和标准，并限期补好。

（1）竣工验收时间要求如下。

①新种植的乔木、灌木、攀缘植物，应在一个年生长周期满后方可验收。

②地被植物，应在当年成活后，覆盖率达到80％以上时进行验收。

③花坛种植的一、二年生花卉及观叶植物，应在种植15d后进行验收。

④春季种植的宿根花卉、球根花卉，应在当年发芽出土后进行验收。秋季种植的应在第二年春季发芽出土后进行验收。

（2）种植工程竣工验收的项目及标准如下。

①乔、灌木的成活率应达到95％以上，珍贵树种和孤植树应保证成活。

②强酸性土、强碱性土及干旱地区，各类树木成活率不应低于85％。

③花卉种植地应无杂草、无枯黄植株，各种花卉生长茂盛，种植成活率应达到95％。

④草坪无杂草、无枯黄植株，种植覆盖应达到95％。

⑤绿地整洁，表面平整。

⑥种植的植物材料的整形修剪应符合设计要求。

4. 编制竣工图 竣工图必须与竣工的实际情况相吻合，若施工中未发生设计变更，可以在原施工图上加盖竣工图标志。

二、竣工验收

包括竣工项目的预验收和正式竣工验收。

（一）预验收的内容

1. 竣工验收资料的审阅、校对和验证

（1）审阅是指对所有资料逐一查阅。

（2）校对是指监理方将在施工监理过程中收集的资料与施工方提交的材料一一校正，遇到不一致之处先记下来而后再和施工方商讨。

（3）验证是指在出现多方面资料不一致时到施工现场加以验证。

2. 预验收

（1）将验收的各项目及重点验收处列成表格，方便验收时逐一打钩。

（2）通过直观检查、实地测量、植株点数、实际操作等，对各项目进行检查。

（3）检查合格，监理单位编写预验收报告；不合格，施工单位要整改修补、自检后再复检。

（二）正式竣工验收

（1）召开竣工验收会议。

（2）设计单位、施工单位、监理单位分别发言。

（3）对资料及实地情况认真检查。

（4）办理竣工验收证书和工程项目验收签订书。

（5）签署验收意见。

（6）建设单位致辞，验收会议结束。

三、工程项目的移交

包括技术资料移交和工程移交。

工程验收合格后，施工单位应将整理好并装订成册的全套验收材料交建设单位存档。同时，办理工程移交，根据合同规定办理工程结算手续。

四、人员及材料、设备配置

1. 人员配备　由工程项目负责人、施工员及资料员共同合作完成。

2. 材料准备　各类种植施工管理资料、当地竣工验收规范。

3. 设备配置　笔、皮尺、计算器等。

任务实施

以下任务分别按照下列步骤进行。

（1）依据本任务的【任务准备】，每个同学认真填写实施计划表。

（2）分小组讨论。小组召集人将本小组讨论的最合理工作内容及注意事项填写在教师发放的空白表格中。小组召集人由本组组员轮流担任，每完成一项工作轮换一次。

（3）各小组召集人上讲台讲述本小组的实施计划表，其他组同学进行质疑、点评并补充。教师进行总评，并根据各组汇报情况，归纳出供全班实施的计划表。

（4）根据教师总结归纳的任务实施计划表进行操作，最后检查学生操作成果并进行评价。

种植工程的竣工验收（表 3-4）。

表 3-4 种植工程的竣工验收实施计划表

工作程序		工作内容	计划表评价		操作中的注意事项
			自评	组评	
组内分工					
工作材料及数目					
工作步骤	1. 施工现场的清理				
	2. 验收资料的准备				
	3. 施工自检				
	4. 编制竣工图				
	5. 预验收				
	6. 正式验收				
	7. 工程项目移交				
操作成果评价			年	月	日

项目小结

见图 3-3。

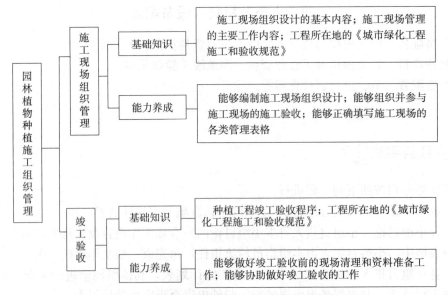

图 3-3 园林植物种植施工组织管理知识框架

项目测试

一、名词解释

1. 进场验收

2. 种植土

3. 客土

4. 土方工程

5. 栽植工程

6. 养护工程

7. 最低种植土层

二、单项选择题

1. 新种植的乔木、灌木、攀缘植物，应在（　　）年生长周期满后方可验收。

　　A. 半个　　　　　　B. 一个　　　　　　C. 两个　　　　　　D. 三个

2. 草坪的验收标准为"无杂草、无枯黄，种植覆盖应达到（　　）"。

　　A. 80%　　　　　　B. 85%　　　　　　C. 90%　　　　　　D. 95%

3. 绿地回填的种植土应无直径（　　）以上的石砾、瓦砾等杂物。

　　A. 5cm　　　　　　B. 8cm　　　　　　C. 3cm　　　　　　D. 7cm

4. 植穴的直径与深度大小应符合设计要求，至少应比土球直径大（　　），树穴上下基本垂直，并按要求回填种植土及基肥，保证种植后的树窝大小一致。

　　A. 20cm　　　　　　B. 30cm　　　　　　C. 25cm　　　　　　D. 40cm

5. 排水不良的种植穴，可在穴底铺 10～15cm 厚的（　　）或敷设渗水管，加设排水盲沟。

　　A. 碎石　　　　　　B. 红砖　　　　　　C. 沙砾　　　　　　D. 种植土

6. 花卉种植检验批主控项目是（　　）。

　　A. 种植深度　　　B. 种植顺序　　　C. 养护　　　　　D. 品种

7. 隐蔽工程应在隐蔽前经验收各方（　　）后，才能隐蔽，并形成记录。

　　A. 登记　　　　　B. 检验合格　　　C. 现场检查　　　D. 互相知照

8. 植物种植之前，应进行（　　）和有机肥的隐蔽验收。

　　A. 种植槽、种植穴　　B. 植物品种　　　C. 排水结构　　　D. 回填种植土

9. 胸径（　　）以下的行道树种植时应采用混凝土柱扶固，砼柱埋深应≥70cm，柱内侧间距应≥80cm。

　　A. 10cm　　　　　　B. 20cm　　　　　　C. 30cm　　　　　　D. 40cm

10. 独立花坛，应按由（　　）的顺序种植。

　　A. 从外向内　　　B. 从两边向内　　　C. 从高向低　　　D. 中心向外

三、判断题（正确的画"√"，错误的画"×"）

1. 横道图由两部分组成，以工种为纵坐标，以工期为横坐标。（　　）

2. 施工进度进行编制时不必将法定节假日扣除。（　　）

3. 种植地的土壤含有建筑废土及有害成分时应进行客土更换。（　　）

4. 在种植土回填中，地形整理完成后的土壤颗粒尺寸允许偏差为 ±2.0cm。（　　）

5. 在原材料验收要求中，乔木胸径的允许偏差为 ±1cm，冠幅的允许偏差为 ±5cm，树高的允许偏差为 ±10cm。（　　）

6. 大树移植前须分期断根，修剪，做好移植准备。（　　）

7. 移植大树在装运过程中，应将树冠捆拢，固定树干，防止损伤树皮，不得损坏土球。（　　）

8. "六杜绝""三消灭""二创建"是安全施工的管理目标。（　　）

9. 花坛种植的一、二年生花卉及观叶植物，应在种植10d后进行验收。（　　）

10. 工程项目的移交只需进行工程移交即可。（　　）

四、综合分析题

1. 简述绿化种植工程竣工验收的时间要求及各项标准。

2. 简述竣工验收前的准备。

课程考证指导

本课程所涉及的职业工种有花卉园艺师、园林施工员、绿化工、草坪建植工，与本课程相关的知识点及技能点参见表3-5。

表 3-5　与本课程相关的知识点及技能点

相关工种	知识点	技能点
绿化工	1. 植物种植设计； 2. 园林施工知识； 3. 土壤学知识	1. 能看懂绿地设计图纸和领会设计意图； 2. 能准确放样，操作熟练； 3. 正确判断土壤性状并提出改良方案，操作熟练； 4. 种植施工安全，成活率高
园林施工员	1. 园林绿化施工规范； 2. 园林工程施工组织与管理的内容及方法； 3. 园林建设工程项目竣工验收及评定等内容和程序； 4. 设计文件的内容、规范； 5. 园林建设分项工程的施工管理的内容、要求	1. 能较全面地读懂园林种植工程的设计、施工、概预算文件； 2. 看懂绿化施工图纸； 3. 能按图纸放样，并按规定的质量标准，进行各类园林植物的栽植； 4. 掌握园林种植工程分项工程的施工做法
花卉园艺师	1. 绿化施工图纸基本知识； 2. 绿化施工基本知识； 3. 土壤学知识； 4. 苗木起苗、土球包扎、运输、假植方法与技术； 5. 花坛布置基本知识； 6. 常见园林植物的栽培技术； 7. 景观草坪建植方法与技术要点； 8. 植物栽培后的养护管理知识	1. 能够识读一般绿化施工图纸； 2. 能够按图进行绿化施工工作； 3. 能实施土壤改良操作； 4. 能进行苗木的裸根和带土球起苗； 5. 能进行苗木土球包扎； 6. 能进行苗木运输、假植； 7. 能进行苗木栽植； 8. 能进行景观草坪的建植； 9. 能按设计图纸进行植物栽培； 10. 能按设计图纸布置花坛； 11. 能进行栽植后的养护管理
草坪建植工	1. 坪床处理的内容，包括微地形处理、土壤改良和平整床面等； 2. 草坪建植的方法； 3. 草坪植后养护管理	1. 能够按照施工要求进行坪床的处理； 2. 能够应用不同的建坪方法建植草坪； 3. 能够妥当地对建植后的草坪进行养护

附　录
广州市城市绿化工程施工和验收表格

附表 1　施工现场质量管理检查记录表

开工日期：

工程名称		施工许可证	
建设单位		项目负责人	
设计单位		项目负责人	
监理单位		总监理工程师	

施工单位		项目经理		项目技术负责人	

序号	项　　目	检 查 情 况
1	现场质量管理制度	
2	质量责任制	
3	主要专业工种操作上岗证书	
4	分包方资质与对分包单位的管理制度	
5	施工图审查情况	
6	地质勘察资料	
7	施工组织设计、施工方案及审批	
8	施工技术标准	
9	工程质量检验制度	
10	苗木供应及苗圃情况	
11	现场材料、设备存放与管理	

检查结论：

总监理工程师：

（建设单位项目负责人）　　　　　　　　　　　　　　　　　　　年　月　日

附表2 检验批质量验收记录（通用）

工程名称			分项工程名称		验收部位	
施工单位			专业工长		项目经理	
施工执行标准名称及编号						
分包单位			分包项目经理		施工班组长	

质量验收规范的规定			施工单位检查评定记录	监理（建设）单位验收记录
主控项目				
一般项目				
其他项目				

施工单位检查评定结果	质量检查员：　　　　　　　年　　月　　日
监理（建设）单位验收结论	监理工程师 （建设单位项目专业技术负责人）　　　　　年　　月　　日

附表3 _____分项工程质量验收记录表

工程名称		工程类型		检验批数	
施工单位		项目经理		项目技术 负责人	
分包单位		分包单位 负责人		分包项目 经　理	

序号	检验批部位、区段	施工单位检查评定结果	监理（建设）单位验收结论
1			
2			
3			
4			
5			
6			
7			
8			
9			
10			
11			
12			

检查结论	项目专业 技术负责人： 年　月　日	验收结论	监理工程师 （建设单位项目专业技术负责人） 年　月　日

附表 4 _____ 分部（子分部）工程验收记录

工程名称		工程类型		里程（位置）	
施工单位		技术部门 负责人		质量部门 负责人	
专业分包 单　位		专业分包 单位负责人		专业分包 技术负责人	

序号	分项工程名称	检验批数	施工单位检查评定	验　收　意　见
1				
2				
3				
4				
5				
6				

质量控制资料			
验收必需的检验（检测）报告			

观感质量验收		

验收单位	分包单位		项目经理	年　月　日
	施工单位		项目经理	年　月　日
	勘察单位		项目负责人	年　月　日
	设计单位		项目负责人	年　月　日
	监理单位		总监理工程师	年　月　日
	建设单位		建设单位项目专业负责人	年　月　日

附表5　单位（子单位）工程质量控制资料核查记录

工程名称			施工单位			
序号	项目	资　料　名　称		份数	核查意见	核查人
1		开工报告、有关规划文件等				
2		图纸会审、设计变更、洽商记录				
3		施工组织审批表、技术交底记录等				
4		工程定位测量、放线记录				
5	城市绿化工程	园林植物进场质量验收记录和原材料、配件出厂合格证书和进场检（试）验报告				
6		预制构件、预拌混凝土合格证				
7		隐蔽工程验收记录				
9		分项、分部工程质量验收记录				
10		植物病虫害检测报告				
11		系统清洗、灌水、通水试验记录				
12		管道、设备强度试验、严密性试验记录				
13		工程质量事故及事故调查处理资料				
14		新材料、新工艺施工记录				
15		施工记录				
16		竣工图纸				
17						
18						

结论：

施工单位项目经理：　　　　　　　　　　　总监理工程师：
　　　　　　　　　　　　　　　　　　　　（建设单位项目负责人）

　　　年　月　日　　　　　　　　　　　　　　年　月　日

附表 6 单位（子单位）工程重要检验和使用功能检验抽查记录

工程名称			施工单位		

序号	项目	资 料 名 称	份数	核查意见	核查人
1	城	病虫害检测资料			
2	市	给水管道通水实验记录			
3	绿	管道、设备强度试验、严密性试验记录			
4	化	其他			
5	工				
6	程				

结论：

施工单位项目经理：　　　　　　　　　　　　总监理工程师：
　　　　　　　　　　　　　　　　　　　　　（建设单位项目负责人）

　　　　年　月　日　　　　　　　　　　　　　　　年　月　日

附表 7　单位（子单位）工程观感质量核查记录

工程名称													施工单位			

项　目		检查质量状况											质量评价	
													不合格	合格
城市绿化工程	地　形													
	姿态和生长势													
	定向及排列													
	栽植定位、深度、培土													
	栽植放线													
	垂直度、支撑													
	修剪													
	草坪平整度、边缘线													
	假山叠石													
	园路铺装													
	园林给排水													
	花坛设施和小型挡土墙													
	其他项目													

结论：

施工单位项目经理：　　　　　　　　　　　总监理工程师：
　　　　　　　　　　　　　　　　　　　（建设单位项目负责人）
　　　　　　　　　年　月　日　　　　　　　　　　　　　　年　月　日

附表8 城市绿化工程竣工质量预验收记录

工程名称			类 型		
施工单位		技术负责人		开工日期	
项目经理		项目技术负责人		竣工日期	

序号	项目	验收记录	验收结论
1	分部工程	共　　分部,经查　　分部符合标准及设计要求　　分部。	
2	质量控制资料核查	共　　项,经审查符合要求　　项经核定符合规范要求　　项。	
3	重要检验和使用功能检验及抽查结果	共核查　　项,符合要求　　项共抽查　　项,符合要求　　项,经返工处理符合要求　　项。	
4	观感质量验收	共抽查　　项,符合要求　　项,不符合要求　　项。	
5	综合预验收结论		

参加验收单位及人员	（建设行政主管部门）	
	（质量监督站）	
	（建设单位）	
	（设计单位）	
	（监理单位）	
	（施工单位）	
	其　他	

附表 9 城市绿化工程竣工质量验收申请表

（建设单位）：

工程名称				工程地址	
结构类型				工程规模	
建设单位				合同工期	
开工日期				完工日期	
项目经理	招标文件姓名 施工许可证姓名			施工许可证号	

工程验收条件具备情况	项目内容		施工单位自检情况	
	完成工程设计和合同约定的情况			
	监督站竣工前检查及整改情况	资　料		
		实　物		
	施工安全评价书			
	工程款支付情况			
	工程质量保修书			
	监督站责令整改问题的执行情况			

　　已完成设计和合同约定的各项内容，工程质量符合有关法律、法规和工程建设强制性标准的有关规定，特申请办理工程验收手续。

　　项目经理：
　　企业技术负责人：
　　企业法定代表人： 　　　　　　　　　（施工单位公章）
　　　　　　　　　　　　　　　　　　　　　　年　月　日

监理单位意见：

总监理工程师： 　　　　　　　　　　　（单位公章）
　　　　　　　　　　　　　　　　　　　　　年　月　日

注：此表由施工单位向建设单位申请，可由总包单位填写；或按单项合同分别填写。

附表 10 土方分项工程检验批质量验收记录表

编号：

工程名称					
分部工程名称				验收部位	
施工单位				项目经理	
施工执行标准名称及编号			Ⅰ：DB　　广州市城市绿化工程施工及验收规范 Ⅱ：		
分包单位				分包项目经理	
施工质量验收规范的规定				施工单位检查 评定记录	监理（建设） 单位验收记录
主控 项目	1	有害客土更换	6.1.2.1条		
	2	回填材料	6.1.2.2条		
	3	回填坡度、标高、密实度和排水情况	6.1.2.3或 8.4.1条		
其他 项目	1				
	2				

施工单位检 查评定结果	 项目专业质量检查员：　　　　年　月　日
监理（建设） 单位验收结论	 专业监理工程师： （建设单位项目专业负责人）：　　　年　月　日

附表 11 种植土回填工程检验批质量验收记录表

编号：

工程名称						
分部工程名称 施工单位				验收部位 项目经理		
施工执行标准名称及编号				Ⅰ：DB　广州市城市绿化工程施工及验收规范 Ⅱ：		
分包单位				分包项目经理		
施工质量验收规范的规定				施工单位检查 评定记录	监理（建设） 单位验收记录	
主控项目	1	种植土性能	6.2.2.1或8.2.2 或8.3.2或 8.4.2.1条			
	2	不透水层情况	6.2.3.1.1条			
	3	有效土层厚度	6.2.3.1.2条			
	4	种植物容器	8.3.3.1.2条			
一般项目	1	种植土内杂物情况	6.2.2.2条			
其他项目	1					
	2					
施工单位检查评定结果		项目专业质量检查员：　　　　　　年　　月　　日				
监理（建设）单位验收结论		专业监理工程师： （建设单位项目专业负责人）：　　　　　　年　　月　　日				

附表 12　绿地地形整理工程检验批质量验收记录表

编号：

				验收部位		
工程名称						
分部工程名称 施工单位				验收部位 项目经理		
施工执行标准名称及编号			Ⅰ：DB　广州市城市绿化工程施工及验收规范 Ⅱ：			
分包单位				分包项目经理		
施工质量验收规范的规定				施工单位检查 评定记录	监理（建设） 单位验收记录	

			施工质量验收规范的规定	施工单位检查 评定记录	监理（建设） 单位验收记录
主控项目	1	平整度	6.2.4.1条		
	2	坡度及排水情况	6.2.4.1或 8.4.2.2.2条		
	3	密实度	8.4.2.2.1条		
一般项目	1	土壤颗粒尺寸	允许偏差±1.0cm		
	2	完成面杂物情况	6.2.4.2.2条		
其他项目	1				
	2				
施工单位检查评定结果		项目专业质量检查员：　　　　　　年　　月　　日			
监理（建设）单位验收结论		专业监理工程师： （建设单位项目专业负责人）：　　　　年　　月　　日			

附表 13　种植穴、种植槽的挖掘工程检验批质量验收记录表

编号：

工程名称						
分部工程名称				验收部位		
施工单位				项目经理		
施工执行标准名称及编号			Ⅰ：DB　　广州市城市绿化工程施工及验收规范 Ⅱ：			
分包单位				分包项目经理		
施工质量验收规范的规定				施工单位检查评定记录		监理（建设）单位验收记录
主控项目	1	种植穴、槽的直径与深度	6.3.3.1条			
	2	施基肥情况	6.3.3.1条			
一般项目	1	定点放线	6.3.3.2.1条			
	2	排水不良种植穴的处理	6.3.3.2.2条			
其他项目	1					
	2					
施工单位检查评定结果		项目专业质量检查员：　　　　　年　　月　　日				
监理（建设）单位验收结论		专业监理工程师： （建设单位项目专业负责人）：　　　　　年　　月　　日				

附表 14 植物种植工程检验批质量验收记录表

编号：

			施工质量验收规范的规定	施工单位检查评定记录	监理（建设）单位验收记录

<table>
<tr><td colspan="2">工程名称</td><td colspan="4"></td></tr>
<tr><td colspan="2">分部工程名称
施工单位</td><td colspan="2"></td><td>验收部位
项目经理</td><td></td></tr>
<tr><td colspan="2">施工执行标准名称及编号</td><td colspan="4">Ⅰ：DB　广州市城市绿化工程施工及验收规范
Ⅱ：</td></tr>
<tr><td colspan="2">分包单位</td><td colspan="2"></td><td>分包项目经理</td><td></td></tr>
<tr><td colspan="4" align="center">施工质量验收规范的规定</td><td align="center">施工单位检查评定记录</td><td align="center">监理（建设）单位验收记录</td></tr>
<tr><td rowspan="7">主控项目</td><td>1</td><td>植物材料</td><td>6.3.2.1.1-6.3.2.1.4 或 8.3.3.1.1 或 8.4.3 条</td><td rowspan="7">评定记录详见该规范的表 H.1.8</td><td rowspan="7"></td></tr>
<tr><td>2</td><td>施基肥</td><td>6.3.4.1.1-6.3.4.1.1.2 条</td></tr>
<tr><td>3</td><td>包装物与固定设施</td><td>6.3.4.1.3 或 8.3.3.2 或 8.2.3.3 条</td></tr>
<tr><td>4</td><td>栽植深度</td><td>6.3.4.1.4 或 8.2.3.1-8.2.3.2 条</td></tr>
<tr><td>5</td><td>栽植排列</td><td>6.3.4.1.5-6.3.4.1.6 条</td></tr>
<tr><td>6</td><td>栽植密度</td><td>6.3.4.1.7-6.3.4.1.8 条</td></tr>
<tr><td>7</td><td>大树种植要求</td><td>7.4.1.1-7.4.1.3 条</td></tr>
<tr><td rowspan="7">一般项目</td><td>1</td><td>苗木到场后处理</td><td>6.3.4.2.1 条</td><td></td><td></td></tr>
<tr><td>2</td><td>苗木种植前修剪</td><td>6.3.2.2 条</td><td></td><td></td></tr>
<tr><td>3</td><td>苗木起吊</td><td>6.3.4.2.2 条</td><td></td><td></td></tr>
<tr><td>4</td><td>花卉、地被种植顺序</td><td>6.3.4.2.3 条</td><td></td><td></td></tr>
<tr><td>5</td><td>假山或岩缝间种植</td><td>6.3.4.2.4 条</td><td></td><td></td></tr>
<tr><td>6</td><td>淋水、开窝、培土</td><td>6.3.4.2.5-6.3.4.2.6 条</td><td></td><td></td></tr>
<tr><td>7</td><td>苗木支撑</td><td>6.3.4.2.7 条</td><td></td><td></td></tr>
<tr><td rowspan="1">其他项目</td><td>1</td><td></td><td></td><td></td><td></td></tr>
<tr><td colspan="2">施工单位检查评定结果</td><td colspan="4">项目专业质量检查员：　　　　　　　　年　月　日</td></tr>
<tr><td colspan="2">监理（建设）单位验收结论</td><td colspan="4">专业监理工程师：
（建设单位项目专业负责人）：　　　　　年　月　日</td></tr>
</table>

附表 15　草坪播种工程检验批质量验收记录表

编号：

工程名称				
分部工程名称			验收部位	
施工单位			项目经理	
施工执行标准名称及编号		Ⅰ：DB　　广州市城市绿化工程施工及验收规范　Ⅱ：		
分包单位			分包项目经理	
施工质量验收规范的规定			施工单位检查评定记录	监理（建设）单位验收记录
主控项目	1	植物材料	6.3.2.1.1条	评定记录详见该规范的表 H.1.8	
	2	播种类型选择	6.3.5.1.1条		
	3	播种	6.3.5.1.2条		
	4	播种后的处理	6.3.5.1.3条		
其他项目	1				
	2				
施工单位检查评定结果		项目专业质量检查员：　　　　　　　　年　　月　　日			
监理（建设）单位验收结论		专业监理工程师： (建设单位项目专业负责人)：　　　　　　年　　月　　日			

附表 16 水生植物种植工程检验批质量验收记录表

工程名称						
分部工程名称				验收部位		
施工单位				项目经理		
施工执行标准名称及编号			Ⅰ：DB　广州市城市绿化工程施工及验收规范 Ⅱ：			
分包单位				分包项目经理		
施工质量验收规范的规定				施工单位检查 评定记录		监理（建设） 单位验收记录
主控 项目	1	植物材料	6.3.2.1.1-6.3. 2.1.4条	评定记录详见 该规范的 表G.1.8		
	2	最适水深	6.3.6.1条			
一般 项目	1	种植	6.3.6.2条			
其他 项目	1					
	2					

施工单位检 查评定结果	
	项目专业质量检查员：　　　　　　　　年　月　日
监理（建设） 单位验收结论	
	专业监理工程师： （建设单位项目专业负责人）：　　　　　年　月　日

附表 17　苗木进场检验记录表

编号：

工程名称					检验日期			
序号	类别	树种名称	来源	规格	根系树型及土球	检疫	单位	进场数量

检验结论：

签 字 栏	施工单位：		监理单位：	
	检查员		专业监理工程师	
	质检员			

注：1. 本表由施工单位填写，施工单位、监理单位各保存一份。

2. 类别划分：①常绿乔木　②常绿灌木　③绿篱　④落叶乔木　⑤落叶灌木　⑥色块（带）　⑦花卉　⑧藤本植物　⑨水生植物　⑩竹子　⑪草坪地被。

附表 18 养护分项工程检验批质量验收记录表

编号：

工程名称					
分部工程名称				验收部位	
施工单位				项目经理	
施工执行标准名称及编号			Ⅰ：DB　　广州市城市绿化工程施工及验收规范 Ⅱ：		
分包单位				分包项目经理	
施工质量验收规范的规定				施工单位检查 评定记录	监理（建设） 单位验收记录
主控 项目	1	植物生长势	6.4.2.1 或 8.2.4.2 条		
	2	植物成活率、覆盖率	6.4.2.2 条		
	3	植后修剪	6.4.2.3 条		
	4	植物病虫害	6.4.2.4 或 7.5.1 或 8.2.4.1 条		
	5	植后施肥	6.4.2.5 条		
	6	草坪平整度、草坪边缘	6.4.2.6 条		
一般 项目	1	人员配备	7.5.2.1 条		
	2	使用植物生长调节剂情况	7.5.2.2 条		
其他 项目	1				
	2				
施工单位检 查评定结果		项目专业质量检查员：　　　　　　年　　月　　日			
监理（建设） 单位验收结论		专业监理工程师： （建设单位项目专业负责人）：　　　　年　　月　　日			

附表 19　种植后植物材料检验批质量验收记录表

编号：

工程名称					
分部工程名称				验收部位	
施工单位				项目经理	
施工执行标准名称及编号			Ⅰ：DB　　广州市城市绿化工程施工及验收规范 Ⅱ：		
分包单位				分包项目经理	
	施工质量验收规范的规定			施工单位检查 评定记录	监理（建设） 单位验收记录
主控项目	1	乔木	6.3.7 条		
	2	灌木	6.3.7 条		
	3	花卉及地被	6.3.7 条		
	4	草坪	6.3.7 条		
	5	水生植物	6.3.7 条		
其他项目	1				
	2				
施工单位检查评定结果					
	项目专业质量检查员：		年　　月　　日		
监理（建设）单位验收结论					
	专业监理工程师： （建设单位项目专业负责人）：		年　　月　　日		

附表 20 苗木挖掘分项工程检验批质量验收记录表

工程名称					
分部工程名称				验收部位	
施工单位				项目经理	
施工执行标准名称及编号			Ⅰ：DB　广州市城市绿化工程施工及验收规范 Ⅱ：		
分包单位				分包项目经理	
施工质量验收规范的规定				施工单位检查 评定记录	监理（建设） 单位验收记录
主控 项目	1	挖掘前的准备	7.2.1.1条		
	2	土球直径	7.2.1.2条		
	3	土球包裹物	7.2.1.2条		
其他 项目	1				
	2				

施工单位检 查评定结果	
	项目专业质量检查员：　　　　　年　月　日

监理（建设） 单位验收结论	
	专业监理工程师： （建设单位项目专业负责人）：　　　　年　月　日

附表 21 苗木迁移分项工程检验批质量验收记录表

编号：

工程名称					
分部工程名称			验收部位		
施工单位			项目经理		
施工执行标准名称及编号		Ⅰ：DB 广州市城市绿化工程施工及验收规范 Ⅱ：			
分包单位			分包项目经理		
施工质量验收规范的规定				施工单位检查 评定记录	监理（建设） 单位验收记录
主控项目	1	迁移苗木质量	7.3.1.1 条		
	2	迁移前的修剪、支撑	7.3.1.2-7.3.1.3 条		
	3	观赏面的标明	7.3.1.4 条		
	4	运输	7.3.1.5 条		
其他项目	1				
	2				
施工单位检查评定结果		项目专业质量检查员：　　　　　　年　　月　　日			
监理（建设）单位验收结论		专业监理工程师： （建设单位项目专业负责人）：　　　年　　月　　日			

附表 22 假山叠石分项工程检验批质量验收记录表

编号：

工程名称					
分部工程名称				验收部位	
施工单位				项目经理	
施工执行标准名称及编号			Ⅰ：DB　　广州市城市绿化工程施工及验收规范 Ⅱ：		
分包单位				分包项目经理	
施工质量验收规范的规定				施工单位检查 评定记录	监理（建设） 单位验收记录
主控项目	1	基础	9.2.1.1条		
	2	石材	9.2.1.2条		
	3	基架	9.2.1.3条		
一般项目	1	勾缝、上色	9.2.2.1-9.2.2.2条		
	2	其他材料	9.2.2.3条		
	3	艺术造型	9.2.2.1条		
其他项目	1				
	2				

施工单位检查评定结果	项目专业质量检查员：　　　　年　　月　　日
监理（建设）单位验收结论	专业监理工程师： （建设单位项目专业负责人）：　　　年　　月　　日

附表 23 园路铺装分项工程检验批质量验收记录表

编号：

工程名称					
分部工程名称				验收部位	
施工单位				项目经理	
施工执行标准名称及编号			Ⅰ：DB 广州市城市绿化工程施工及验收规范 Ⅱ：		
分包单位				分包项目经理	
施工质量验收规范的规定				施工单位检查 评定记录	监理（建设） 单位验收记录
主控项目	1	路床	9.3.1.1-9.3.2 条		
	2	基层	9.3.1.3 条		
	3	面层	9.3.1.4 条		
一般项目	1	基层	9.3.2.1 条		
	2	面层	9.3.2.2 条		
	3	完成面	9.3.2.3 条		
	4	卵石、嵌草砖安装	9.3.2.4-9.3.2.5 条		
其他项目	1				
	2				
施工单位检查评定结果		项目专业质量检查员：　　　　　　年　月　日			
监理（建设）单位验收结论		专业监理工程师： （建设单位项目专业负责人）：　　　　年　月　日			

参考文献

编委会 . 2014. 看图快速学习园林工程施工技术［M］. 北京：机械工业出版社 .

陈科东，李宝昌 . 2012. 园林工程项目施工管理［M］. 北京：科学出版社 .

陈科东 . 2007. 园林工程施工技术［M］. 北京：中国林业出版社 .

陈科东 . 2002. 园林工程施工与管理［M］. 北京：高等教育出版社 .

成海钟，等 . 2002. 园林植物栽培养护［M］. 北京：高等教育出版社 .

付军 . 2008. 园林工程施工组织管理［M］. 北京：化学工业出版社 .

何芬，等 . 2010. 园林绿化施工与养护手册［M］. 北京：中国建筑工业出版社 .

李小龙 . 2004. 园林绿地施工与养护［M］. 北京：中国劳动社会保障出版社 .

南京市园林局，南京市园林科研所 . 2005. 大树移植法 . 北京：中国建筑工业出版社 .

田建林，等 . 园林工程管理 . 北京：中国建材工业出版社 .

吴立威，等 . 2010. 园林工程招投标与预决算［M］. 北京：科学出版社 .

虞德平 . 2013. 园林绿化工程施工技术参考手册［M］. 北京：中国建筑工业出版社 .

张东林，等 . 2008. 园林绿化种植与养护工程问答实录［M］. 北京：机械工业出版社 .

图书在版编目（CIP）数据

园林绿化工程/李宝昌，柯碧英，张涵主编．—北京：中国农业出版社，2016.12
上海市特色高等职业院校建设项目成果
ISBN 978-7-109-21727-0

Ⅰ.①园…　Ⅱ.①李…②柯…③张…　Ⅲ.①园林—绿化—工程施工—高等职业教育—教材　Ⅳ.①TU986.3

中国版本图书馆 CIP 数据核字（2016）第 116182 号

中国农业出版社出版
（北京市朝阳区麦子店街 18 号楼）
（邮政编码 100125）
策划编辑　王　斌
文字编辑　李　旻
─────────────
北京通州皇家印刷厂印刷　新华书店北京发行所发行
2016 年 12 月第 1 版　2016 年 12 月北京第 1 次印刷
─────────────
开本：787mm×1092mm 1/16　印张：10
字数：280 千字
定价：28.00 元
（凡本版图书出现印刷、装订错误，请向出版社发行部调换）